虎杖

段留生　马兰青　车发展　主编

中国农业科学技术出版社

图书在版编目（CIP）数据

虎杖／段留生，马兰青，车发展主编 . —北京：中国农业科学技术出版社，
2021. 6

ISBN 978-7-5116-5351-2

Ⅰ.①虎…　Ⅱ.①段…②马…③车…　Ⅲ.①虎杖-栽培技术　Ⅳ.①S567. 23

中国版本图书馆 CIP 数据核字（2021）第 111653 号

责任编辑	周丽丽
责任校对	李向荣
责任印制	姜义伟　王思文

出 版 者	中国农业科学技术出版社
	北京市海淀区中关村南大街 12 号　邮编：100081
电　　话	（010）82109194（编辑室）　　　　（010）82109702（发行部）
	（010）82109709（读者服务部）
传　　真	（010）82109194
网　　址	http://www.castp.cn
经 销 者	各地新华书店
印 刷 者	北京科信印刷有限公司
开　　本	710mm×1 000mm　1/16
印　　张	14.25　彩插　14 面
字　　数	220 千字
版　　次	2021 年 6 月第 1 版　2021 年 6 月第 1 次印刷
定　　价	98.00 元

北京农学院

北京虎杖农业科学研究院　　组织编写

东明格鲁斯生物科技有限公司

《虎杖》

编委会

主　　编：段留生　马兰青　车发展

编写人员（以姓氏笔划为序）：

马兰青　北京农学院生物与资源环境学院

王　晔　北京农学院植物科学技术学院

王顺利　北京农学院生物与资源环境学院

车发展　东明格鲁斯生物科技有限公司

牛为民　北京虎杖农业科学研究院

白晨艳　东明格鲁斯生物科技有限公司

任争光　北京农学院生物与资源环境学院

任俊达　北京农学院生物与资源环境学院

刘　灿　北京农学院生物与资源环境学院

刘　杰　北京农学院生物与资源环境学院

闫　哲　北京农学院生物与资源环境学院

李润枝　北京农学院植物科学技术学院

杨明峰　北京农学院生物与资源环境学院

尚巧霞　北京农学院生物与资源环境学院

赵汗青　北京农学院生物与资源环境学院

段留生　北京农学院植物科学技术学院

贾月慧　北京农学院生物与资源环境学院

黄体冉　北京农学院生物与资源环境学院

彭　真　北京农学院植物科学技术学院

前　　言

　　虎杖是中国原产的一种乡土植物，在我国有广泛分布，并有中草药、园林地被、生态修复、工业原料等多种用途。虎杖作为一种传统中药材，药用价值极高，用药历史悠久。自西汉刘向在其编撰的《别录》中记述虎杖"主通利月水，破留血症结"以来，后世诸多医学著作，如《药性论》《本草拾遗》《日华子本草》《滇南本草》《本草纲目》《医林纂要》等均有记述。近年来，《中华本草》《中药大辞典》和《中国药典》等中医药著作也对虎杖的性味功能与主治进行了整理和汇编。随着中医药现代化进程的加速发展，以及人们健康观念的变化，虎杖在保健养生方面的作用日益引起人们的重视，与虎杖相关的营养补充剂、食品保鲜剂、植物源农药、新资源食品以及功能性有机肥和栽培基质相关的专利陆续出现，进而催生和促进了虎杖上下游产业的发展。

　　为深入研究开发乡土植物——虎杖，北京农学院、北京虎杖农业科学研究院、东明格鲁斯生物科技有限公司组织植物学、植保、园艺、生物工程、化学、食品等多学科专业技术人员开展了虎杖的系统研究，在作者多年研究基础上，整理了相关文献资料，汇集了前人的研究成果，编写了此专业著作。

　　本书从虎杖育种和种苗繁育技术、规范化栽培技术、药用化学成分提取和分离技术，以及虎杖综合利用等方面对中草药虎杖产业链上下游相关技术进行了全面介绍。旨在弘扬和传播虎杖及其开发利用的相关知识，为种植业、中医药、园林绿化等领域研发人员、管理人员、企业技术人员、高等农林院校和职业院校相关专业师生提供参考，也为有志于从事虎杖相关产业的新型职业农民提供指导。本书编写过程中得到了中国农业科学技术出版社的大力支持，在此表示感谢。本书封面使用的虎杖线描图由北京师范大学刘全儒教授绘制，在此一并表示感谢。由于编者水平有限，书中不妥之处在所难免，敬请广大读者批评指正。

编　者

2021 年 3 月

目　　录

第一章　虎杖的生物学基础 ……………………………………（1）

　　第一节　自然分布和环境需求 ………………………………（1）

　　第二节　植物学特征 …………………………………………（5）

　　第三节　生长习性和生长发育特征 …………………………（7）

　　第四节　近缘植物辨别 ………………………………………（9）

第二章　虎杖育种和种苗繁育 …………………………………（14）

　　第一节　主要育种途径和技术 ………………………………（14）

　　第二节　繁殖方法 ……………………………………………（23）

第三章　虎杖的栽培管理技术 …………………………………（29）

　　第一节　虎杖栽培技术 ………………………………………（29）

　　第二节　虎杖的病虫草害及其防治 …………………………（33）

　　第三节　各生育时期管理要点 ………………………………（45）

　　第四节　采收、加工与贮藏 …………………………………（47）

　　第五节　质量控制 ……………………………………………（48）

　　第六节　虎杖种植机械化 ……………………………………（49）

第四章　虎杖化学成分和提取分离 ……………………………（53）

　　第一节　虎杖中主要化学成分 ………………………………（53）

　　第二节　虎杖化学成分提取分离技术 ………………………（64）

第五章　虎杖药用价值与利用 …………………………………（83）

　　第一节　传统价值与利用 ……………………………………（83）

　　第二节　主要化学成分及其利用 ……………………………（88）

　　第三节　其他化学成分及其利用 ……………………………（98）

第六章　虎杖综合利用 …………………………………………（126）
　第一节　虎杖功能性食品开发 …………………………………（126）
　第二节　虎杖在种植业中的应用 ………………………………（139）
　第三节　虎杖在养殖业中的应用 ………………………………（145）
　第四节　虎杖在染料行业中的应用 ……………………………（151）
　第五节　虎杖在日化产业中的应用 ……………………………（154）
　第六节　虎杖在生态环保中的应用 ……………………………（156）
参考文献 ……………………………………………………………（159）
附　录 ………………………………………………………………（194）
　附录一　绿色种植技术和 GAP 规范 …………………………（194）
　附录二　本书参考使用的相关标准 ……………………………（202）
　附录三　附图 ……………………………………………………（203）
　附录四　东明格鲁斯生物科技有限公司介绍 …………………（214）

第一章　虎杖的生物学基础

第一节　自然分布和环境需求

一、自然分布

虎杖分布于东亚。我国主要产于安徽、福建、甘肃、广东、广西壮族自治区（以下简称广西）、贵州、海南、河南、湖北、湖南、江苏、江西、陕西、山东、四川、台湾、云南、浙江等省区（Li et al., 2003）。

鉴于虎杖广布于我国黄河以南各省区，加上不同省份各民族杂居，方言众多，导致虎杖在不同地区有不同的称谓（俗名），从而导致了一名多地、多地一名、一名一地的现象十分普遍（马云桐，2006）（表1-1）。据不完全统计，虎杖同物异名有115种之多。不同少数民族对虎杖的称谓也存在同物异名现象（表1-2），约有45种。

表1-1　全国虎杖俗名汇总

俗名	使用地区	俗名	使用地区
酸汤杆	甘肃、贵州、河南、湖北、湖南、陕西、四川、云南	活血莲	安徽、湖北
银洋莲	广东、广西、浙江	紫金龙	安徽、江苏、山东

❖ 虎杖

俗名	使用地区	俗名	使用地区
金杨草	安徽、河南、湖北、湖南、江西	酸筒杆	广西、湖北、湖南
大叶蛇总管	广东、广西、湖北	阴阳草	广西博白、桂平、龙州、陆川、平南
花斑竹	广东、广西、河南、湖南、四川、上海	金丝岩陀	云南保山、临沧、思茅
山大黄	福建、广东、广西、河南、江苏、江西、浙江	黄干蓼	广西大苗川、容县、武鸣
土大黄	福建、广东、广西、江西、浙江	黄三七	福建安溪、晋江、南安、泉州、厦门
土黄连	广东、广西	黄叶杆	湖北五峰、咸丰
九龙眼	广东、广西	霜杆头	浙江泰顺、文成
活血丹	江苏、江西	大黄	广西桂平、贵县
活血龙	福建、浙江	大力黄	广西陆川、玉林
斑红根	安徽	黄羌头	广西
紫龙根	安徽	黄干头	广西
紫金草	安徽	红莲	广西
酸杆筒	安徽	马鹿角	广西
酸溜	安徽	大丹根	广西柳江
塞筋草	安徽	三芒根	广西柳江
海草草	安徽	血三七	福建大田
猴竹根	浙江	青竹笋	福建大田
金锁王	浙江	汗脚	福建明溪
活血龙	浙江	换脚	福建明溪
大活血龙	上海	赤灌脚	福建清流

（续表）

俗名	使用地区	俗名	使用地区
紫金龙根	上海	贯脚	福建清流
马龙眼	广东潮阳	醋筒管	福建清流
黄根子	广东潮阳	血藤	江苏沛县
号筒草	贵州	茶叶	江苏沛县
号筒杆	贵州	山茄子	陕西太白
大泽兰	四川会理	散血草	陕西太白
花竹根	四川会理	黄龙七	陕西太白
花杆牛膝	云南红河	和雪龙	山东蒙山
花酸杆	云南红河	舒筋龙	山东蒙山
黄钻	云南	老君丹	云南思茅
榔头	云南	牛股牛	云南思茅
白花岩陀	云南	大号酸筒管	福建宁化
荞叶岩陀	云南	臭筒管	福建宁化
刚油芜子	湖北石首	大叶龙山水	浙江洞头
铜笋	湖北石首	大叶赤地利	浙江洞头
接骨丹	陕西华阴	凤连根	河南
搬倒甑	陕西	三月杆	湖北
胖官头	陕西洋县	川筋龙	山东泰山
大活血	江苏沛县	酸甲根	湖北鹤峰
水黄芩	江西	酸梗子	湖北巴东
酸米筒	江西婺源	刚叶雾子	湖北神农架
酸同梗	江西吉安	蛇抱管	广东广州
酸筒管	江西莲花	小叶水高厘	广东普宁
箸笋管	广东兴宁	金薄荷	云南红河
牛脚头	福建三明	大接骨	云南大理

注：表格引自马云桐（2006）。

表 1-2　不同少数民族对虎杖称谓一览

民族名称	民族药名（音）
阿昌族	若小陀苦小陀
白族	枳拖槟拖
崩龙族	摆毛
布依族	戈商梅
朝鲜族	日遮普
傣族	毕别楞（毕蓖楞）比比军彼蓖蒿比比罕
侗族	贯芎凶松夹登胜桑松尚松
哈尼族	说麻墨我欠我别摆毛
景颇族	岩陀
毛南族	壮旺茎
苗族	弓量古洛诺哥底窝贡留
纳西族	帮压
畲族	岗结
水族	骂果烘
土家族	拿乌杆
佤族	日挨托骁共事虾辛
瑶族	阿别连红林麻赶麻赵
彝族	花斑竹迭补木节些咩和铁打杵
壮族	土大黄阴阳手棵孟卖懂梦来棵伴棵添岗

注：表格引自马云桐（2006）。

二、环境需求

虎杖喜温暖、湿润的环境条件，对土壤要求不严，以在肥沃的土壤上生长为好。自然条件下，常生长在海拔 2 168 m 以下的土层较厚的溪边、河边，或山沟、山坡、林下阴湿处（彩图 1。彩图见书后附录三，全书同）。但因人为因素（农户移栽、修路搬运土方等）而迁移到干燥向阳之地的虎杖，仍能够正常繁殖（刘开桃等，2018）。

第二节 植物学特征

一、整株

虎杖 *Reynoutria japonica* Houtt. 系多年生宿根性直立草本或亚灌木，一般高 1 m 以上，花期 6—9 月，果期 7—10 月（Li et al.，2003）（图 1-1）。

二、主要器官

1. 根

主根粗壮，长 30~150 cm，垂直向地下深处生长，在 5~15 cm 深处起向下逐渐膨大，至接近末端处又逐渐变细，直至末端变为根毛，最深可达 40 厘米的土层，侧根较多（图 1-2，彩图 2）。

2. 茎

根状茎粗大，木质，节明显，横走（图 1-2），外皮黑棕色或棕黄色（彩图 3），呈弯曲状；茎直立，高 1~2 m，最高可达 3 m 以上，粗壮，空心，具明显的纵棱，具小突起，无毛，散生红色或紫红色斑点（彩图 4）。

3. 叶

叶宽卵形或卵状椭圆形，长 5~16 cm，宽 3.8~11.21 cm，近革质，顶端渐尖，基部宽楔形、截形，边缘全缘，疏生小突起，两面无毛，沿叶脉具小突起；叶柄长 1~2 cm，具小突起；托叶鞘膜质，偏斜，褐色，具纵脉，无毛，顶端截形，无缘毛，常破裂，早落（彩图 4）。

1—雌株果枝；2—雄株花枝；3—雌花展开；4—雄花展开。

图 1-1　虎杖

注：引自《中国植物志》《中国高等植物图鉴》。

4. 花

单性花，雌雄异株，花序圆锥状，长 3~8 cm，腋生；苞片漏斗状，长 1.5~2 mm，顶端渐尖，无缘毛，每苞内具 2~4 花，白色，花梗长 2~4 mm，中下部具关节，花被 5 深裂，淡绿色，外轮 3 枚，雄花花被片具绿色中脉，无翅，雄蕊 8，比花被长，有时可见退化雌蕊；雌花花被片外面 3 片背部具翅，果时增大，翅扩展下延，花柱 3，柱头流苏状；雄蕊退化，较小；子房上位，3 心皮合生，柱头 3 裂（彩图 5）。

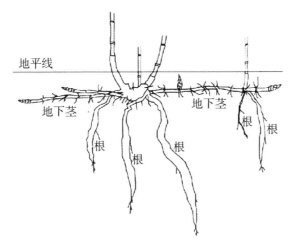

图 1-2 虎杖地下根茎示意

注：引自刘开桃（2018）。

5. 果实

瘦果卵形，具3棱，长4.2~4.5 mm，宽2.5~2.9 mm，顶端具3个宿存花柱，基部有一小圆孔状果脐，外包淡褐色或黄绿色扩大成翅状的膜质花被，表面黑褐色，有光泽（彩图6、彩图7和彩图8）。

6. 种子

种子卵形，具3棱，长3~4 mm，表面绿色，先端尖，具种孔，基部具一短种柄，胚乳白色，粉质，胚稍弯曲，子叶2枚，略呈新月形（彩图6、彩图7和彩图8）。

第三节 生长习性和生长发育特征

一、生长习性

虎杖喜温暖、湿润的环境，在土层较厚、疏松、肥沃的土壤里生长良好。鉴于虎杖广泛分布于我国黄河以南各省区，海拔范围在

120~2 168 m，主要物候期南北存在一些差异，总体而言，虎杖一般在 3 月中下旬出苗，6—9 月为花期，7—10 月为果期；高可达 3 m 以上，主干节数 2~11，分枝条数 2~18，分枝高度可达 2 m，冠幅0.7~2.6 m（彩图 9，彩图 10）。

二、生长发育特征

1. 野生虎杖的生长发育特征

野生虎杖居群其地上部分看起来每个植株都是独立的，但挖开地下观察，往往整个居群都是由盘结如网地下茎连结在一起，通过地下茎末端和节点可萌发出新的植株。马云桐（2006）对我国虎杖资源状况及其生物学特性进行了系统调查与研究。

野生虎杖每年新分生根及根茎数的生长发育情况的调查发现：在一根长为 10 cm 的主根（根茎）上可以分生 3~4 支根（根茎），当年的新根茎直径可达 1~2 cm，长 5~10 cm，其母根茎增粗仅 0.5 cm，发育生长至成熟一般需要 4~5 年，成熟期增加的重量为母根茎的30%，5 年左右的时间可以形成一个居群；在四川省洪雅县发现有生长 10 年以上的植株，有的植株可达 12~15 年，推测虎杖植株寿命可长达 8 年以上。

以根茎无性繁殖的植株，地下主根 2~3 枝，一年生根茎长度达到 4~5 cm，直径 0.3~0.5 cm，长 20~30 cm。第二年 4 月从枯萎的茎秆侧面发出 5~9 个芽，呈红色，随后长成 5~9 个主茎，根茎长度达到 20~35 cm，直径增至 0.8~1.5 cm，株高 80~120 cm；7—8 月开花，10 月结籽；11 月下旬地上部分枯萎。三年生根茎长度达到 30~45 cm，根茎直径为 1.8~2.5 cm；四年生根茎长度达到 50~55 cm，根茎直径为 2.2~3.5 cm。

2. 人工种植虎杖的生长发育特征

实生苗种植，一般在 3 月至 4 月中旬播种，播种后 8~10 d 出苗，20 d 左右苗可出齐。实生苗虎杖植株，3 年或 3 年以上收获为佳，收获时间一般选择在秋季倒苗后至春季萌芽出苗前，此时的根茎有效成分含量较高（杨彬彬等，2004）（彩图 11）。

根茎种植，一般选择长势良好的虎杖根茎作为繁殖材料，将根茎剪成 10 cm 长，带有 2~3 个芽的小段，按株距 40 cm 开穴，将根茎横放在穴中，覆土压实。若水分充足，播种后 2 周左右即可全部萌芽，10 d 左右开始分支，并长出叶片（谢加贵，2019）。山东省东明格鲁斯生物科技有限公司虎杖种植实践显示，根茎繁殖虎杖幼苗 5 月下旬可达到全分枝期，6 月下旬为花前期，7 月下旬进入花期，9 月中下旬为果期，10 月下旬开始倒苗，11 月下旬完全枯萎。萌蘗形成的虎杖植株，2 年或 2 年以上收获为佳，收获时间一般选择在秋季倒苗后至春季萌芽出苗前，此时的根茎有效成分含量较高（潘标志和王邦富，2008）。

第四节　近缘植物辨别

一、虎杖的分类学地位

虎杖，隶属植物界被子植物门双子叶植物纲蓼目蓼科，亚科以下的分类学归属多有变动。

有关蓼科植物的分类，学术界主要存在李安仁系统、吴征镒系统、Haraldson 系统以及 Gabriele Galasso 系统 4 个分类系统（岳春，2010）。虽然 4 个系统均对广义蓼属进行了或多或少的细分，但均坚持将虎杖从广义蓼属独立出来，成立虎杖属 *Reynoutria* Houtt.。中国植物志中文版和英文版虽然使用了广义蓼属的概念，但仍将荞麦属（*Fagopyrum* Mill.）、金线草属（*Antenoron* Rafin.）、虎杖属（*Reynoutria* Houtt.）以及何首乌属（*Fallopia* Adans.）从广义蓼属中独立出来。可见，将虎杖从广义蓼属独立出来，单独成立虎杖属（*Reynoutria* Houtt.）成为国内外植物分类学工作者的共识。也就是说虎杖隶属蓼科虎杖属，而不是蓼科蓼属，虎杖正确的拉丁名称，也即学名应为 *Reynoutria japonica* Houtt.，而 *Polygonum cuspidatum* Sieb. et Zucc. 的名称不宜继续使用。

蓼科植物的分类系统

李安仁系统：李安仁（1998）在《中国植物志》以及 Li et al. (2003) 在 Flora of China 中将蓼亚科分为蓼族 Polygoneae 和木蓼族 Atraphaxideae 2 个族，认为虎杖属 *Reynoutria* Houtt.、何首乌属 *Fallopia* Adans.、金线草属 *Antenoron* Rafin. 隶属蓼族。

吴征镒系统：吴征镒（2003）在《中国被子植物科属综论》中将蓼亚科分为萹蓄族 Polygoneae、蓼族 Persicarieae、酸模族 Rumiceae、木蓼族 Atraphaxideae、海葡萄族 Coccolobeae 和蓼树族 Triplarieae 6 个族，认为虎杖属 *Reynoutria* Houtt. 和何首乌属 *Fallopia* Adans. 隶属萹蓄族，金线草属 *Antenoron* Rafin. 隶属蓼族。

Haraldson 系统：Haraldson（1978）将蓼亚科分为春蓼族 Persicarieae、海葡萄族 Coccolobeae、蓼族 Polygoneae、酸模族 Rumiceae 以及蓼树族 Triplareae 5 个族，虎杖属 *Reynoutria* Houtt. 和何首乌属 *Fallopia* Adans. 隶属海葡萄族。

Gabriele Galasso 系统：GabrieleGalasso（2009）认为蓼亚科是多系的，主张将蓼亚科分为蓼族 Polygoneae、春蓼族 Persicarieae、荞麦族 Fagopyreae 和酸模族 Rumiceae 4 个族，并将蓼族分为蓼亚族 Polygoninae 和虎杖亚族 Reynoutriinae 2 个亚族，认为虎杖属 *Reynoutria* Houtt. 和何首乌属 *Fallopia* Adans. 隶属虎杖亚族。

二、主要近缘植物

我国产虎杖近缘植物主要是金线草属 *Antenoron* Rafin. 和何首乌属 *Falliopia* Adans. 植物（Li Anjen et al.，2003）。其中，金线草属植物包括金线草 *A. filiforme*（Thunb.）Rob. et Vaut. 及其变种毛叶红珠七 *A. filiforme*（Thunb.）Rob. et Vaut. var. *kachina*（Nieuw.）Hara 和短毛金线草 *A. filiforme*（Thunb.）Rob. et Vaut. var. *neofiliforme*（Nakai）A. J. Li。

何首乌属植物包括蔓首乌 *F.convolvulus*（L.）Löve、齿翅首乌 *F.dentatoalata*（F. Schm.）Holub、篱首乌 *F. dumetorum*（L.）Holub、疏花篱首乌 *F. dumetorum*（L.）Holub var. *pauciflora*（Maxim.）A. J. Li、木藤首乌 *F. aubertii*（L. Henry）Holub、何首乌 *F. multiflora*（Thunb.）Harald.、毛脉首乌 *F. multiflora*（Thunb.）Harald. var. *ciliinervis*（Nakai）Yonekura & H. Ohashi、酱头 *F. denticulate*（C. C. Huang）J. Holub、牛皮消首乌 *F.cynanchoides*（Hemsl.）Harald.以及光叶酱头 *F. cynanchoides*（Hemsl.）Harald. var. *galbriuscula*（A. J. Li）A. J. Li 等 11 种（变种）。

我国产虎杖及其近缘种检索表

1. 茎直立；花柱 2，果时伸长，硬化，顶端呈钩状，宿存；花被片果时稍增大，无翅或龙骨状突起……1. 金线草属 Antenoron Rafin.

　　2. 叶片两面具糙伏毛

　　　3. 叶片顶端短渐尖或急尖，基部楔形 …………………………
………………… 1a. 金线草 *A. filiforme*（Thunb.）Rob. et Vaut.

　　　3. 叶片顶端狭长渐尖，基部狭楔形 …………………………
………………… 1c. 毛叶红珠七 *A. filiforme*（Thunb.）Rob. et Vaut. var.
……………………………… *kachina*（Nieuw.）Hara

　　2. 叶片两面疏生短糙伏毛，叶顶端长渐尖 …………………

1b. 短毛金线草 *A. filiforme*（Thunb.）Rob. Et Vaut. var. *neofiliforme*
…………………………………… （Nakai）A. J. Li

1. 茎缠绕或直立；花柱 3，稀 2；果实非上述情况；花被片外面 3 片果时增大，背部具翅或龙骨状突起，稀不增大，无翅或龙骨状突起。

　　4. 茎缠绕；花两性；柱头头状 …… 2. 首乌属 Falliopia Adans.

　　5. 一年生草本；花序总状

　　　6. 花被片外面 3 片北部具龙骨状突起或狭翅，果时稍增大
………………… 2.1 蔓首乌 *F. convolvulus*（L.）Löve

6. 花被片外面 3 片背部具翅；果时增大

    7. 花被片的翅边缘具齿；瘦果密被小颗粒，微有光泽

                  2.2 齿翅首乌 *F. dentatoalata*（F. Schm.）Holub

    7. 花被片的翅边缘全缘；瘦果平滑，有光泽

        8. 花梗中下部具关节，花排列紧密 ………………

                  2.3a 篱首乌 *F. dumetorum*（L.）Holub

        8. 花梗中部具关节，花排列稀疏 ………………

        2.3b 疏花篱首乌 *F. dumetorum*（L.）Holub var. *pauciflora*

                          （Maxim.）A. J. Li

  5. 多年生草本或半灌木；花序圆锥状

    9. 半灌木；叶通常簇生 …………………………

                2.4 木藤首乌 *F. aubertii*（L. Henry）Holub

    9. 多年生草本；叶单生或互生

        10. 叶互生；瘦果长 3.9~4.8 mm …………

        2.5 华蔓首乌 *F. forbesii*（Hance）Yonekura & H. Ohashi

        10. 叶单生，瘦果长不超过 3 mm

          11. 花被片外面 3 片北部具翅，果时增大

            12. 叶下面无小突起 …………………

            2.6a 何首乌 *F. multiflora*（Thunb.）Harald.

            12. 叶下面沿叶脉具小突起 …………

2.6b 毛脉首乌 *F. multiflora*（Thunb.）Harald. var. *ciliinervis*（Nakai）

                      Yonekura & H. Ohashi

          11. 花被片背部无翅；果时不增大

            13. 茎无毛，疏生小突起；叶卵状三角形，边缘具浅波状齿或近全缘；花被片长 3~4 mm …………

            2.7 酱头 *F. denticulate*（C. C. Huang）J. Holub

            13. 茎密被褐色短柔毛及稀疏的倒生长硬毛；叶宽心形，边缘全缘；花被片长 1.5~2 mm

              14. 叶下面密被褐色长柔毛 …………

            2.8a 牛皮消首乌 *F. cynanchoides*（Hemsl.）Harald.

14. 叶下面沿叶脉被短糙伏毛或无毛 ……
2.8b 光叶酱头 *F. cynanchoides*（Hemsl.）Harald. var. *galbriuscula*
…………………………………………………（A. J. Li）A. J. Li

4. 茎直立；花单性，雌雄异株；柱头流苏状 …………………
………………… 3. 虎杖 *Reynoutria japonica* Houtt.

第二章 虎杖育种和种苗繁育

第一节 主要育种途径和技术

一、育种与品种

1. 育种

育种是通过引种、选种、杂交育种以及生物技术育种或者良种繁育等途径改良植物固有性状而创造新品种的技术与过程。虎杖自然分布在黄河以南各省区，一直以来，野生虎杖的根和根茎作为药用。由于不同产地和不同生长发育期的虎杖，其遗传物质与内在生物转化存在变异与差异。因此，根据不同地区虎杖种质资源的特点和特性，调查、收集、保存、评价、创新、利用虎杖种质资源，研究和掌握重要性状遗传变异的基本规律，采用适当的育种途径、方法和程序，从天然存在的或人工创造的变异类型中选育出符合育种目标与要求的虎杖新类型、新品种并繁育良种种苗。

2. 品种

植物品种是经过人类选择和培育创造的、经济性状和生物学特性符合人类生产和生活需求的、性状相对整齐一致而能稳定遗传的栽培植物群体。野生植物经过人类长期的培育和选择，其遗传性状向着满足人类需求的方向变异，从而形成区别于原始野生类群的特征特性、适应一定的自然和栽培条件的植物类群。人工种植虎杖只是近年才开始，且人工种植虎杖的种质资源来源于野生材料，关于虎杖栽培品种的报道较少，迫切需要进行高品质虎杖栽培品种的选育工作。

二、虎杖育种主要技术

1. 引种

优良的种质资源是道地中药材形成的内在因素，适宜的生态环境是道地药材形成的外界条件（陈静，2012）。虎杖在我国 23 个省份有分布，但其生态适宜区范围主要在我国的西南、陕西、华东、华南、华中地区。全国虎杖资源分布情况见表 2-1。

表 2-1　全国虎杖资源分布情况

编号	省份	主要分布地
1	四川	成都、乐山、雅安、达州等
2	重庆	黔江、涪陵、万州等
3	云南	文山、大理等
4	贵州	贵阳、遵义等
5	湖北	全省各地
6	湖南	全省各地
7	安徽	安庆、合肥、富城等
8	浙江	绍兴及全省各地
9	江苏	宜兴、连云港等
10	山东	鲁中南、鲁东丘陵
11	河南	伏牛山、大别山等
12	广西	罗成、陆川、仓梧、博白等
13	广东	潮州、汕头、海丰、南澳等
14	甘肃	徽县、文县、天水等
15	陕西	秦岭、华阴等

（续表）

编号	省份	主要分布地
16	福建	全省各地
17	上海	郊县有野生
18	台湾	野生
19	河北	栽培
20	北京	栽培、昌平有野生*
21	辽宁	栽培
22	新疆	栽培
23	吉林	栽培

注：表格引自马云桐（2006）。

*《北京植物志》记载昌平水沟边或潮湿地可见野生虎杖，也可能是从前引入的。

马云桐（2006）根据我国气候、土壤及地貌的特征，结合虎杖的自然分布情况，将重要虎杖资源划分为两大区域，P-I区和PⅡ区。其中P-I区西南、陕南最适宜区，包括四川、云南、贵州、重庆、湖北、湖南、陕西南部、甘肃南部等；P-Ⅱ区华东、华南、华中适宜生长区，包括浙江、安徽、江苏、福建、广东、广西、山东等。不同产地虎杖中大黄素和虎杖苷含量分别见图2-1和图2-2。

虎杖引种就是将其从原有分布范围引入新的地区栽培，通过试验鉴定，选择其性状表现优良者繁殖推广。即为了满足人类对虎杖中活性物质提取等方面的需求，把虎杖野生资源从其自然分布区迁移到人工栽培区或者将虎杖品种从一个地区迁移到另一个地区。马云桐（2006）测定了20个不同产地虎杖资源的活性物质含量（图2-1和图2-2），结果表明以浙江绍兴产虎杖中大黄素的含量最高，以四川巴中产虎杖中虎杖苷的含量最高。该结果为虎杖引种工作提供了依据。

在虎杖引种过程中，需要关注引入地区的生态条件与原地区是否具有相似性，这关乎引种工作的成败。引种是解决虎杖规模生产用种的一条重要途径。引种与其他的育种方法相比，具有时间短、投入的人力和物少力、见效比较快的优点，所以引种是最经济的丰富本地虎杖资源的一种育种方法。

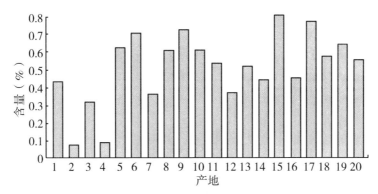

1—四川旺苍；2—四川巴中；3—四川宜宾；4—四川马边；5—四川邻水；
6—四川宣汉；7—四川峨眉；8—四川洪雅；9—四川大邑；10—四川都江堰；
11—四川名山；12—四川广元；13—陕西安康；14—安徽滁州；15—浙江绍兴；
16—贵州凯里；17—重庆云阳；18—广东普宁；19—四川盐源；20—四川雅安。

图 2-1 不同产地虎杖中大黄素的含量比较

注：引自马云桐（2006）。

目前，大家普遍认可的植物引种驯化成功的主要标准包括：引种的植物材料能在不加保护或稍加保护的条件下正常生长；能按照被引种植物正常的繁殖方式进行繁殖；未降低被引种植物的原有经济价值。因此，虎杖引种成功的标准为：引种后虎杖植株能在不加保护或稍加保护的条件下正常生长；能按照虎杖常规的根茎繁殖或种子繁殖等方式进行繁殖；引种后虎杖根茎产量不降低，根茎中主要活性成分的含量能够达到或大于野生虎杖的含量，不影响其原有经济价值。

2. 选择育种

选择育种是培育新品种的主要方法之一，特别是对于那些遗传多样性丰富的植物资源，通过选种获得新品种是一种快速高效的方法。虎杖选择育种是从现有虎杖野生或栽培种质资源中挑选符合需要的群体和个体，通过提纯、比较鉴定和繁殖等手段培育出虎杖新品种的育种方法。

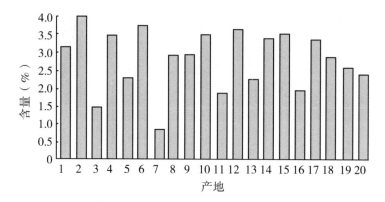

1—四川旺苍；2—四川巴中；3—四川宜宾；4—四川马边；5—四川邻水；6—四川宣汉；7—四川峨眉；8—四川洪雅；9—四川大邑；10—四川都江堰；11—四川名山；12—四川广元；13—陕西安康；14—安徽滁州；15—浙江绍兴；16—贵州凯里；17—重庆云阳；18—广东普宁；19—四川盐源；20—四川雅安。

图2-2　不同产地虎杖中虎杖苷的含量比较

注：引自马云桐（2016）。

选择育种是常规育种的主要手段，在药用植物中应用广泛。例如我国第一个边条人参新品种边条1号就是徐昭玺等（2001）选择近3 000株优良人参，经连续四代自交纯化，淘汰不良单株和株系，并进行品系比较后培育而成。朱培林等（2004）比较分析了江枳壳6个类型在形态特征、生长发育适应性和结果能力、药材主要药用成分含量方面的差异，同时对枳壳单株间的生长结实和药材药用成分含量差异测定分析，提出通过选优和无性繁殖可以迅速选育利用枳壳优良品系。此外，选择育种的方法在木瓜、益母草、乌头、人参、薯蓣等药用植物品种培育中获得良好的效果。

　　虎杖选择育种可以围绕有效成分含量的相关性状，如根茎的产量、根茎中目标活性物质的含量等。马云桐（2006）研究表明，不同产地虎杖药材的有效成分存在差异，同时虎杖植株的大小、生长年限和生长环境对有效成分的含量也有影响。虎杖生长过程中喜欢湿润的环境，如提高虎杖的抗旱性，则有利于扩大虎杖的栽培面积。陈静（2012）从形态指标和生理指标两个方面评价了 5 个不同产地的虎杖材料的抗旱性，研究表明不同产地的虎杖材料在抗旱性方面具有差异，药植园、都江堰虎杖为高抗品种，巴中和甘孜为中抗品种，峨眉虎杖抗旱性较低。通过分子标记技术对上述虎杖材料进行多样性分析，发现虎杖种质资源在分子水平上存在较大的差异。该研究结果对虎杖种质资源分类和抗性选择育种提供了重要参考。

　　虎杖育种目标确定之后，在原始材料圃中种植收集来的野生虎杖资源，根据育种目标选择原始材料圃中的优良资源或者变异单株，分别编号保存。选出来的优秀单株在翌年升入株系选择圃继续进行选择，对不明显或不稳定的变异，继续观察。根据田间观察和活性成分测定，选择性状表现优良而整齐一致的株系，混合收获，供翌年或下一季品系鉴定用。将不符合育种目标要求的株系淘汰。如果株系内个体表现不整齐，应再从中继续选择优良单株，进一步观察比较和选择，直至整齐后，选出优良株系，再进入品系鉴定圃。品系鉴定圃的主要工作是根据育种目标的要求，比较品系的优劣，观察鉴定其性状的稳定性和产量表现，也可以同时兼顾抗性鉴定，初步明确其利用价值。同时扩大繁殖种子数量或根茎数量。如果在此阶段发现有的品种尚未稳定，性状表现不一致时，则应淘汰或退回株系选择圃再进行选择。品种比较试验是对选出的品系作最后评价，选出有希望的若干品系，参加区域试验，进而供生产上利用。通常参加试验的品种是 5~7 个，最多不超过 10 个。要求在较大的种植面积和较多的重复次数下进行。试验中以当地推广品种为对照，要求对供试品系进行尽可能细致的观察记载，了解各生育时期的表现，以配合产量鉴定等，最后挑选出 1~2 个最优良的品系，以便后续品种区域试验。品种区域试验主要任务是鉴定各育种单位经过品种比较试验选拔出来的优良品种在不同地区的应用价值和对地区的适应性，作为决定能否推广和适宜推广地区的依据。在区域试验的同时，根据需要，可以进行生产试验。生产试验的任务是鉴定新品种在大田生产条件下的生产能力，确定新品种的推广价值，同时摸索栽培技术。经审查鉴定后各方面确认某一品系在生产上有前途，可由选种单位予以命名，作为新品种向生产单位推荐。

3. 杂交育种

杂交是自然界生物体发生可遗传变异的重要来源，也是育种工作中各种植物材料可遗传变异的重要来源。根据杂交亲本亲缘关系的远近，有性杂交育种可分为近缘杂交和远缘杂交。近缘杂交是同一物种内的类群或品种间的杂交，杂交亲和性高，杂交容易成功，是各类植物有性杂交育种最常用的方法。已有研究表明，虎杖种质资源在根茎的产量、根茎中目标活性物质的含量、抗逆性等方面在分子水平上存在较大的差异，因此可将不同产地的虎杖资源进行有性杂交，将分散于不同亲本上的优良性状聚焦到杂种中，再经选择、鉴定，从而获得遗传性相对稳定、并具栽培利用价值的虎杖新材料。

远缘杂交则是物种范围以外的种间或属间杂交，或地理上相距很远的不同生态型间的杂交。一方面，虎杖广泛分布于我国黄河以南流域，其所生长的环境各异，相应的存在许多不同的生态型，因此，不同产地不同生态型虎杖之间的杂交是培育虎杖新品种重要途径之一。另一方面，根据最新系统学研究成果，首乌属、金线草属是虎杖的近缘属，有资料显示，金线草的地下根茎中也含有白藜芦醇，可见开展虎杖属间远缘杂交已获得高含量白藜芦传新品种理论是可行性的。

4. 生物技术育种

随着分子生物学高速发展，现代生物技术在农作物、中药材、林木等行业育种中应用越来越广泛。利用生物技术进行新品种选育的方式主要有分子标记辅助、诱变育种、倍性育种等。

分子标记辅助育种。分子标记主要是将个体内部的核苷酸作为立足点进行遗传标记。分子标记辅助育种能够直接从基因的角度出发，对于作物进行调整，将多个优良性状集中在分子标记之中，已包括第一代分子标记限制性片段程度多态性、第二代分子标记主聚合酶链式反应以及第三代生物序列 3 个阶段。其在作物的整体质量提高明显、育种时间耗费短，一代的形状稳定性强等方面优势明显。马云桐（2009）应用随机扩增 DNA 多态性（RAPD）、序列相关扩增多态性（SRAP）、简单重复序列区间（ISSR）对不同居群间的虎杖植株进行遗传多样性研究，发现虎杖种质资源在分子水平上存在较大遗传差异。陈静（2012）通过引物结合位点间扩增（iPBS）分析发现虎杖基因型与地域性有密切关系，为虎杖种质资源分类提供了可能。这些研究为第一代分子标记和第二代分子标记的成功实现奠定了理论基础。

虎杖作为一种有重要价值的中草药，主要成分是植物源性酚类次生代谢产物——白藜芦醇，提高虎杖白藜芦醇含量是虎杖生物技术育种的主要目标。Lekli（2010）和 Dubrovina（2017）研究显示，虎杖是迄今为止发现的白藜芦醇含量最高的植物，含量可达 12 mg/g（DW），同时也是反式白藜芦醇（Trans-resveratrol）含量最高的植物，主要贮藏其在根茎中。随着白藜芦醇合成代谢途径研究深入，人们尝试利用虎杖等植物的白藜芦醇合成的相关基因来改造其他生物以提高白藜芦醇产量，目前虎杖基因已成功用于改造原核生物、酵母和植物的代谢途径，有产业化大规模生产白藜芦醇的巨大潜力。工程微生物能够大量提高白藜芦醇的生产能力，例如大肠杆菌（>100 mg/L 产量）和酿酒酵母（>500 mg/L 产量）。一些学者应用虎杖等植物 STS 基因转入其他植物，也能够明显提高白藜芦醇含量，如苜蓿（15 μg/g FW）（Hipskind，2000）、番茄（8.7 μg/g FW）（Ma，2009）、葡萄（2.586 μg/g FW）（Fan，2008）、红枣（0.45 μg/g FW）（Luo，2015）、水稻（0.697 μg/g FW）（Zheng，2015）、地黄（2.0 μg/g FW）（Lim，2005）。如果将 STS 和 4CL 融合后转入微生物、低等植物和高等植物中都能更显著地提高白藜芦醇的含量（He，2018；Guo，2017；Xiang，2020），例如转入 STS 和 4CL 融合基因的烟草从不含白藜芦醇转变为显著积累（21.05 μg/g FW）。此外，许多研究表明补充合成白藜芦醇的前体物质对白藜芦醇的积累起着重要作用，外源性补充香豆酸和肉桂酸可能会促进参与白藜芦醇合成的酶的基因表达，从而对白藜芦醇产量有积极影响（Tyunin，2018；Kiselev，2017；Shumakova，2011；Kiselev，2011）。因此，充分利用现代生物技术手段，通过分子标记方式改造虎杖种质资源，提高白藜芦醇含量具有良好的应用前景。

诱变育种。利用物理或化学诱变剂处理目标虎杖，促使其产生遗传物质的突变，然后采用简便、快速和高效的筛选方法，挑选出符合育种目的的突变植株。与其他育种方法相比，诱变育种的特点在于通过基因的点突变和染色体结构的变异，诱发新的基因突变，突破原有基因库的限制，加速育种进程，丰富种质资源并创造新品种，但该方法难以控制突变方向，无法将多个优良性状组合。射线诱变、离子束诱变和空间诱变在中药材植物育种中均有应用。例如赵德修等（2000）和张美萍等（2003）利用60Co-γ射线照射水母雪莲和西洋参的愈伤组织，分别获得高产细胞系；用离子束注入黄芪、沙棘和麻黄可引起明显的生物效应，具有较好的应用前景。高文远等（1999）将藿香进行空间搭载，其中射线击中的材料过氧化物酶活性和蛋白质质量明显升高。化学诱变育种在药用植物中应用也较为广泛。例如王仑山等（1995）用甲基磺酸乙酯（Ethylm-ethylsulfone，EMS）用于枸杞耐盐育种。虎杖也可尝试诱变育种的方法，实现种质资源创新，为培育高品质虎杖品种提供更多材料。

倍性育种。多倍体植物由于染色体成倍增加，细胞显著增大，因此通常会表现出组织和器官显著增大。如茎秆粗壮，叶片肥厚，果实、种子重量增大等，同时多倍体品种的营养成分含量和产量也显著提高。这是由于多倍体染色体数量增多，有多套基因，新陈代谢旺盛，从而蛋白质、维生素、碳水化合物、植物碱等的合成速率提高。药用植物进行多倍体育种有利于增加收获器官产量和提高药用活性成分含量。此外，多倍体还常常具有较强的抗性和生态适应性。秋水仙素是药用植物倍性育种中最常用的诱导剂。王强等（2002）将一定浓度的秋水仙素添加到川贝母愈伤组织的培养基中处理一段时间，可诱发川贝母多倍体的产生。李运合等（2005）将叶薯蓣愈伤组织经过秋水仙素水溶液处理后，获得了染色体加倍、体型大、生长优势明显的四倍体材料。

目前有报道的虎杖的育种工作较少，集中在对不同产地虎杖资源的遗传多样性分析方面，人工栽培虎杖也主要来源于野生资源。因此虎杖育种工作亟须进行系统研究。可以从成分育种的目标出发，在掌握野生虎杖资源遗传多样性的基础上，加强引种、选种、杂交等常规途径育种工作，同时可以尝试诱变育种和多倍体育种等。

第二节　繁殖方法

一、根茎切段繁殖

由于虎杖雌雄异株，并且花期间隔近一个月，而虎杖地下根茎发达，所以根茎切段繁殖是虎杖主要的繁殖方式（彩图12）。

虎杖根茎切段繁殖首先要选取根茎粗壮、生长健壮、产量高、无病虫害、白藜芦醇等有效成分含量高的植株作为繁殖材料。通常在春季新芽萌发前挖起母株，将根茎切成 10～15 cm 长、带有 2～3 个芽的小段（石万祥，2010）。如果植株较少，需要尽快扩繁到一定数量，小于 10 cm，带 1～2 个芽的根茎段也可以考虑使用。切好的根茎段种植后最好进行分级后再种植，以利于后续高效管理。在提前整理好的土地上，按照株行距 40～60 cm 挖好种植穴（沟），将切好的根茎段芽子朝上，平放在种植穴（沟）内，覆土 5 cm 左右，种植后浇透水，2 周左右地面上可见新芽，出芽率可达到 98%。

根茎切段繁殖的优点是技术简单，生长速度快（王宝清和徐鸿涛，2011；石万祥和彭国平，2010；熊飞，2017）；缺点是容易种质退化，导致根茎生长量和有效成分含量逐渐减低（张俊等，2017）。

二、种子繁殖

虎杖种子自然萌发率低（熊飞，2017；孙伟，2005），存活时间短（杨金库等，2012）。张俊等（2017）以二年生、三年生的虎杖种子作为材料，去除宿存花被，播种 15~45 d 后，种子发芽率仅 50%~59.3%。浸种有利于虎杖种子萌发，使用 30 ℃的 50%多菌灵 500 倍液浸泡 4 h，可使虎杖种子的萌发率提高至 78%，且播种前去除宿存花被，适量的水温、地温有助于虎杖种子快速发芽。邓友军等（2020）、张俊等（2017）研究结果证明，虎杖种子在合适的温湿度条件下即可满足发芽，尽量选择生长 3 年以上的虎杖种子作为繁殖材料。此外，运用透明塑料地膜可提高种子萌发率。春季按 30 cm 株距开穴，每穴播 4~5 粒，覆土浇足水。种子繁殖最主要的问题是自然萌发率低，生长速度慢，不利于集约化生产（熊飞，2017；孙伟，2005）。

三、地上茎节繁殖

虎杖地上茎节繁殖主要是利用压条或扦插的方式。

压条又称压枝，是把植物的枝、蔓压埋于湿润的基质中，待其生根后与母株割离，形成新植株的方法。在 5—6 月虎杖开花前，将母株提前 1 d 浇足水，以保持植株体内水分充足。第 2 d，剪取地上部粗壮主枝，去除叶片、叶柄、侧枝及顶部细弱枝条，将枝条在分枝处剪开，保留 5~10 节。将枝条整齐横放，按行距 10 cm，株距 5 cm 排成行，覆盖河沙或河沙与土壤的混合土 [1：（1~2）] 5~8 cm 厚，再均匀覆盖较薄的稻草保水。注意保持土壤表层湿润，直至萌芽齐全，苗床厢面宽 1.5 m。15~20 d 在茎节处生根，并膨大，1 个月后可取苗移栽（谢加贵等，2019）。

扦插，也称插条、插枝。扦插繁殖主要是指将离体的植物营养器官插入一定的基质中，在适宜的条件下使离体的营养器官再生成一个完整新植株的繁殖方法。杨金库等（2012）利用人工全光喷雾育苗床，对虎杖嫩枝进行扦插，基质为草炭土：河沙：蛭石＝1：1：1，每年可繁殖4~5次。北京农学院王顺利等开展了5个不同产地来源的虎杖成熟枝条扦插技术研究，研究了扦插基质、生长调节剂种类和浓度对虎杖成熟枝条生根情况和偏根情况的影响，获得了不同品种适宜的激素种类、浓度和基质。虎杖压条和扦插繁殖可相互补充，但压条繁殖主要问题是仅可采用主茎，1年1次，导致繁殖效率较低。王庆等（2007）也报道了在虎杖开花前，剪取地上部粗壮主枝作为种条，将种条埋入沙中，15 d后生根率达98%，同时指出虎杖扦插繁殖需要注意的问题是，中空的茎对水分管理要求很高。

北京农学院段留生、彭真研究团队研究表明，6月下旬至8月上旬，虎杖开花前，在阴天清晨，选取生长健壮、发育良好、无病虫害、叶片完整的半木质化嫩枝，基部插入水中带入育苗室。将枝条剪成10 cm左右的插条，插条上端剪成平口，下端剪成斜口。每个插条留2~3个节位，保留最上节位的叶片，其他叶片均剪掉，并将保留叶片剪去一半。将插条基部在1%的生根粉（主要成分为吲哚丁酸）溶液中浸泡2~3 min，然后取出备插。随即将处理好的种条扦插至已灭菌的蛭石育苗基质中，基质厚度约15 cm，并充分浇水润湿。插条深度5~8 cm，并使最上一个节位的叶腋和叶片在基质表面以上，其他节位在基质中。扦插的株行距设置为株距5 cm、行距10 cm，保证插条既能良好生长，又能获得较高的繁殖系数。扦插结束后，用80%多菌灵粉剂1 000倍液充分喷施插穗和整个苗床，以消灭插穗和蛭石中的病菌。用温湿度计检测苗床温湿度变化，控制苗床温度在20~25 ℃，湿度为70%~80%。光照时间为10~12 h的短日照。扦插后15 d左右，插穗开始生根和抽出新芽。2~3个月时，大部分插穗的半截叶片可保持绿色不脱落，地下节位的叶腋开始形成饱满的笋状地下芽（彩图13）。成活较好的插条，在插条基部和笋状地下芽基部均可长出大量须根。定植前，控制枝条叶片的生长，并预防笋状地下芽的提前萌发出土，以保证定植时的高成活率。

四、组培快繁

在植物组织快繁体系中，常用的体系一般有外植体诱导愈伤组织、不定芽分化、生根、和移栽等步骤。愈伤组织的诱导效果受到外植体种类、生长状态和诱导培养基成分的影响。培养基中激素种类、浓度及比例影响诱导细胞脱分化及产生愈伤组织的生理过程。

1. 组培快繁方法

虎杖可用茎段、茎尖、叶柄、叶片等作为外植体来源。常用的培养基是 MS 培养基，常用的生长素类有萘乙酸（NAA）、吲哚乙酸（IAA），吲哚丁酸（IBA），2，4-二氯苯氧乙酸（2，4-D），常用的细胞分裂素类有 6 苄基腺嘌呤（6-BA）、激动素（KT）、噻苯隆（TDZ）。王宇等（2009）以虎杖嫩茎为外植体，研究了组培各阶段最佳培养基配方。诱导愈伤：MS 培养基+6-BA 0.4 mg/L+NAA 1.2 mg/L；不定芽分化：MS 培养基+AgNO$_3$ 0.8 mg/L+6-BA 0.3 mg/L+NAA 0.1 mg/L；生根培养：1/3 MS 培养基+IAA 0.4 mg/L+NAA 0.1 mg/L。杨培君等（2003）以虎杖茎段、叶柄和叶片为外植体，获得各阶段最佳培养基配方。诱导愈伤：MS 培养基+6-BA 1.0~2.0 mg/L+KT 0.2~0.5 mg/L+NAA 0.2~0.5 mg/L；不定芽分化：MS 培养基+6-BA 2.0 mg/L+KT 0.5 mg/L+IBA 0.2 mg/L+水解乳蛋白 1 000 mg/L；不定根及根状茎诱导：1/2 MS 培养基+IBA 0.2 mg/L。茎段、叶柄和叶片 3 种外植体相比，茎段更具优势，因为它具有易于诱导、繁殖系数高和生长迅速的特点；叶柄和叶片也容易诱导愈伤组织，但分化和生长缓慢。

杜敏华等（2008）研究了虎杖茎尖愈伤组织诱导，结果表明：茎尖愈伤组织诱导的最佳培养基是 MS 培养基+蔗糖 28 g/L+琼脂 5.5 g/L+2，4-D 1.5 mg/L+6-BA 1.0 mg/L；幼苗（3~7 d）的虎杖茎尖愈伤组织诱导率较高，都能达到 95%以上，此后苗龄越高，愈伤组织诱导能力越低。以茎尖形态学下端插入培养基的方式接种的外植体愈伤组织诱导率较高，因此在培养基放置茎尖时，注意不要平放或把形态学下端插入培养基。不定芽分化最佳培养基为 MS+AgNO$_3$ 4.0 mg/L+蔗糖 30 g/L+琼脂 6.0 g/L+NAA 0.5 mg/L+TDZ 0.8 mg/L，分化率为 83.9%，增殖系数为 7.63；生根培养基选用 1/2MS+蔗糖 26 g/L+琼脂 6.5 g/L+活性炭 3%+IBA 0.2 mg/L+NAA 0.3 mg/L，生根率为 100%。与茎段等外植体培养相比，用虎杖幼嫩茎尖进行培养形成丛生芽的比例高，因而增殖率高，且变异性小，这有利于保持原有材料的优良性状，是遗传转化的良好受体。

北京农学院段留生研究团队在易霭琴等（2007）虎杖茎段增殖培养基的基础上，研究虎杖茎段在 MS+6-BA 2 mg/L+IBA 0.6 mg/L+蔗糖 30 g/L+琼脂 0.7% 培养基上的增殖情况。结果显示，接种 25 d 左右，大多数茎段即可达到较为理想的增殖效果（彩图 14）。

2. 培养基的条件优化

易霭琴等（2007）以虎杖带腋芽的茎段为材料研究虎杖组织培养与快速繁殖的适宜条件，发现 4 种基本培养基中（MS，B5，WPM，Whiter），MS 培养基最适合虎杖的组织培养，用 MS 培养的组培苗增值率高，组培苗生长状态好。除了一般激素种类、浓度及激素配比以外，其他因素也影响组培快繁的效率。实验表明，低浓度的褪黑素有助于茎、根的生长，6 μmol/L 褪黑素作用下根长、根数、茎高、叶面积、生根率均达到很好的效果（张来军，2015）；硝酸银可以显著促进不定芽分化和提高植株再生率，银离子可能通过竞争乙烯的作用部位，使乙烯与受体无法正常结合，从而抑制了乙烯的作用，促进了不定芽和体细胞胚胎的发生；活性炭常用于培养基，能够减少一些有害物质的影响，在虎杖幼苗组培过程中特别是生根培养基中加入 3% 左右活性炭有利于根的发生和生长，提高组培快繁效率。另外，组培瓶用透气膜封口也可使生根快、生根率提高。

3. 组培苗移栽

组培苗可在炼苗 4 d 左右从培养瓶取出移栽。用 50% 多菌灵浸泡根部 2 h，晾干后即可移栽，也可先用清水把根部的培养基洗净，再用百菌清或甲基硫菌灵 1 000 倍液浸泡 3~5 min，移栽到装有基质的穴盘中或苗圃地。移栽基质可选用沙与腐殖土（1∶1），也可选用炉灰渣。易霭琴等（2007）通过比较圃地表土与其他培养基质，发现疏松且保水的圃地表土有利于虎杖组培苗的移栽，成活率达93%，且生长良好；在温室大棚内间歇喷雾的移栽成活率要高于室外圃地，成活率达96.25%。组培苗移栽后覆盖薄膜有利于苗木成活和生长。一般移栽后两周判断是否生长成活，生产条件下如果正常操作，组培苗成活率一般能达到90%以上，1~2个月移栽苗开始旺盛生长。与野生苗相比，组培苗根系发达，长势粗壮旺盛，且有春天发芽早、秋天枯萎晚的特点。

为了减少组培生产环节，降低生产成本，宋庆安等（2006）尝试不经过生根培养，直接移栽继代组培苗，让组培苗瓶外生根。使用植物生长调节剂ABT6号（主要成分为1BA等，50 mg/L)浸泡1 h处理对虎杖组培苗瓶外扦插生根有促进作用，其成活率最高可达100%。

综上所述，组培快繁效率很高，可达到快速繁殖、工厂化育苗的目的，满足生产上对虎杖种苗大量的需求，组培快繁技术可提高虎杖繁殖速度和质量，是突破传统栽培效率瓶颈的重要手段。

第三章 虎杖的栽培管理技术

第一节 虎杖栽培技术

一、选地与整地

虎杖对土壤的要求不高，以肥沃的土壤生长为好，但不适宜种植在低洼易涝的地块。种植虎杖宜选择与野生虎杖生长环境相似的地块，一般选择海拔为 500 m 以下林地、山区溪流边的零星水田、荒草地、旱坡地或平地等。虎杖根系生长快，入土深，因此要求土质疏松、土壤透气性强，土层深厚肥沃，富含有机质且种植地块凉爽湿润、不渍水的砂质土壤。

1. 大田整地

在种植前，将土壤深翻 20～30 cm，清除土壤中比较大的石块、树根、杂草、石块等。同时地块四周做 30 cm 以上的深沟，防止积水。在播种前，开沟施入有机肥、绿肥或草木灰 1 500～2 000 kg/亩作为基肥，施肥后与 5～10 cm 的土层搅拌均匀，再做高畦，畦高 15～20 cm、宽 50～55 cm，耙平、耙细，两畦间留 30 cm 作业道。也可结合播种，施入复合肥 80 kg/亩（15 亩 = 1hm²；1 亩 ≈ 667m²。全书同）、磷肥 100 kg/亩、有机肥 100 kg/亩，耙碎整平即可（封海东等，2019）。对于移栽苗，在移栽定植时，挖种植穴深 10～15 cm，宽 15 cm，每穴施有机肥 300～500 g，移栽株行距（40～50）cm×（50～60）cm，每穴移栽 1 株（张俊等，2017）。覆土后压实，并在上面喷淋水定根保湿。

为提高地温，可以覆盖地膜，将厢面平整后，可将薄膜紧贴其上，用土压实。这样有助于虎杖根系对土壤养分的吸收与供应，提高土壤肥料利用率，同时也可以改善虎杖光照条件，减轻杂草和病虫害发生。但是如果虎杖采用种芽繁殖，因芽头大小存在差异，出苗时间长短会不同，不宜覆盖。

2. 林地整地

阴坡中、下部均有利于虎杖生长，应选择土壤肥厚的林地。林地整地工作主要是清理山坡杂草、杂灌，沿等高线堆积为宜，行距 1 m（潘标志，2009）。

二、种苗选择

1. 种子选择与处理

尽可能选择生长 3 年以上的虎杖种子作为繁殖材料。种翅由白绿色转变为黄棕色，种子乌黑发亮即可采集成熟种子，精选种粒饱满，净度 98% 以上，千粒重 7.2 g 以上，发芽率 85% 以上的种子（潘标志和王邦富，2008）。将选好的种子用清水浸泡 48~72 h，取出风干后在 −19~−16 ℃下冷冻 36~40 h，之后每千克种子采用 50% 的多菌灵或根腐灵粉剂 5 g 进行拌种或浸种，为播种备用（张振环，2017）。拌种或浸种有利于虎杖种子萌发，此外，采用透明塑料地膜也可提高种子的萌发率。种子繁殖主要问题是自然萌发率低，生长速度慢，不利于集约化生产。

2. 根茎选择

也称种根繁殖。虎杖在生产时大多使用根茎繁殖，根茎繁殖还有材料易得、技术方法简单，且生长速度快。主要方法是秋末地上茎叶枯萎或春季幼苗出土浅，将虎杖地下根茎，剪成 10~20 cm 长，每根上带 2~3 个芽，芽粗 >0.5 cm，单株根重 >50 g，生长健壮、无病虫害、无污染、商品性良好的种根。根茎繁殖最大的问题是种质退化，导致根茎生长量和有效成分逐年降低（杨彬彬等，2004）。

3. 分株选择

是指在生长季节将虎杖的种苗，按地上丛生主茎每株分瓣成种苗。每株种苗要求地下根茎长 10~15 cm，地上茎在生长初期：留 2~3 节，叶 2~3 片；在速生期：留 3~5 节，2~3 轮侧枝，每轮侧枝上留 3~5 张叶片；在生长后期：留 3~5 节，2~3 轮侧枝，每轮侧枝上留叶 3~5 片，多余部分的枝叶剪去（谢加贵等，2019）。

4. 茎枝选择

在 5—6 月虎杖开花前，将母株提前 1 d 浇足水，以保持植株体内水分充足。第 2 d，剪取地上部粗壮主枝，去除叶片、叶柄、侧枝及顶部细弱枝条，将枝条在分枝处剪开，保留 5~10 节，作为繁殖用种条。将枝条按行距 10 cm，株距 5 cm 整齐横放，覆盖河沙或河沙与土壤的混合土 [1:（1~2）] 5~8 cm 厚。保持土壤表层湿润，直至萌芽。15~20 d 在节处生根，并膨大，1 个月后取苗移栽。也有报道利用人工全光喷雾育苗床，对虎杖嫩枝进行扦插，基质为草炭土：河沙：蛭石=1:1:1，每年可繁殖 4~5 次（石万祥和彭国平，2010）。

三、播种

1. 播种时间

无论田间或林地，一年四季均可栽植，但以春季为宜。种子繁殖在 10 月上中旬至翌年 4 月均适合，其中以春播为最佳；秋播一般出苗后于翌年 4 月中旬封垄，春播一般在 5 月中旬可封垄。

2. 播种方法

（1）种子繁殖

可用直播或育苗移栽。直播于春季（4 月上中旬）进行撒播、条播或穴播。条播行距 20~30 cm，开浅沟约 1 cm，将种子播在沟内，播种量为 67~134 g/hm²；撒播时直接将种子播在畦面，种子分布均匀，播后覆盖一层种肥，浇透水；穴播距 33 cm，每穴播种 8~9 粒，覆土 3 cm。育苗，于苗床撒播或条播，覆细土 1.5 cm，保持土壤湿润。幼苗出土后，间苗、除草，苗高 7~10 cm 时移栽。低温季节播种，要盖膜保温保湿，以利提早出苗；高温季节播种，要遮阴、定时浇水降温。出苗后，有 3~5 片真叶时要开始间苗、补苗，使幼苗在整个畦面分布均匀。田间种植密度保持在 3 万~3.75 万株/hm²，林地种植密度保持在 2.4 万~3.9 万株/hm²。

（2）根茎繁殖

从老根上分取 1~2 年生的带有根芽的根茎，每段的长度以 10 cm 左右为宜，将根段放入 0.05% 的 920 消毒液中 5~10 min，进行消毒。一般种植时间为秋季 10—11 月或春季 3 月至 4 月上旬整地后进行。在畦面上按行距 15~20 cm 开沟，沟深 10~15 cm，按株距 40 cm 把根茎摆放于沟中，根茎须根要舒展，覆土 3~5 cm，压实，浇水，秋栽翌春出苗，春栽 10~15 d 即可出苗。

（3）分株繁殖

按株行距 40 cm×50 cm 开沟种植，每穴 1 株，定植后施一层种肥，浇透水。此法繁殖春、夏、秋 3 季均可进行，但以春、夏季节移植最佳。

四、合理施肥

合理施肥是确保虎杖高产的关键措施。因此，虎杖栽植后根据土壤肥力状况和植株长势，及时施肥。结合整地深翻，施入有机肥、绿肥或草木灰 1 500~2 000 kg/亩；虎杖幼苗前期不宜施用尿素等速效肥料。虎杖出芽和拔节期施用鸡粪（100 g/株）或油菜枯（50 g/株）可使茎秆更粗壮，生长中后期施用鸡粪或油菜枯可使产量和有效成分增加（罗兴忠等，2020）。结合人工锄草和扩穴培土追肥 1~3 次，追肥以速效肥料为主，并配施生物菌肥和微量元素肥料。追肥时期分别为 4 月、6 月和 9 月上旬，6 月，追施尿素 333~500 g/hm²，促进虎杖根系生长发育。秋季 9 月或翌年春季 3—4 月，追施 1 次三元复合肥 6.7 kg/hm²、磷肥 6.7 kg/hm²、有机肥 100 kg/亩或 1 500~2 000 kg/亩农家肥（谢加贵等，2019）。以采收茎叶为主的田间栽培，在每次采割后追施 1 次速效肥料。田间栽培采用沟施或兑水浇施，林地栽培采用放射状沟施。

五、灌溉排水

灌溉水的质量应符合《农田灌溉水质标准》（GB 5084—2021）。选择早上和傍晚，在定植期、嫩芽萌发期、幼苗生长期、畦面土壤开始发白以及发生干旱或施肥后应及时灌溉或浇水，使土壤经常保持湿润状态，抗旱时间主要集中在 6—9 月（石万祥和彭国平，2010）。虎杖喜湿但不耐渍，渍水易诱发病害，在多雨季节或栽培地积水时要及时排水、疏通，以防渍害发生（熊飞，2017），尤其是在高温高湿时，要加强通风，减少病虫害发生，提高虎杖产量和质量。

六、田间管理

间苗补苗：播种出苗后，幼苗有 5~8 片真叶时要开始间苗、补苗。幼苗过密的地方要进行疏苗，幼苗株距过大的地方要及时补植，使幼苗在整个畦面分布均匀，保持 1.6 万~2.4 万株/hm²。补植后要及时浇水，确保成活。

中耕除草：幼苗出土后，结合除草做好中耕。在生长季节进行人工锄草，尽量不使用除草剂。新造林林地栽植的虎杖，结合幼林抚育进行人工锄草。一年中耕 1~2 次，深度 8~10 cm，同时培土 8~10 cm（王宝清和徐鸿涛，2011；罗勤，2020）。

第二节　虎杖的病虫草害及其防治

一、虎杖主要病害及其防治

1. 虎杖锈病

锈病多发生于虎杖生长中后期，主要为害叶片。发病初期叶片正面产生黄白色褪绿的小斑点，病斑逐渐在叶背形成近圆形隆起的铁锈色疱状物，即病原菌的夏孢子堆。后期病斑扩大，近圆形，直径 1~5 mm 不等，周围有明显的黄晕圈。发病叶片生长缓慢，易枯黄，影响植株光合作用，导致虎杖药用部分的根茎产量降低（梁萍等，2008）。虎杖锈病的病原菌为两栖蓼柄锈菌（*Puccinia polygoniamphibii*），主要借风和雨水传播，一旦大量爆发很难防治，因此虎杖锈病的防治以预防为主。目前尚不清楚锈病有无转主寄主，在锈病经常发生田块，春季第一场雨水后，应立即喷药处理。发病初期，每隔 7~10 d 喷药 1 次，连续喷药 2~3 次，下雨后增加施药次数。一般早期能控制住，后期便不再发生。可使用的农药包括 15% 粉锈宁乳剂 2 000 倍液，20% 的萎锈灵可湿性粉剂 400 倍液，也可用多菌灵可湿性粉剂 800~1 000 倍液、敌锈钠 250~300 倍液、1∶2∶（160~200）波尔多液、苯醚甲环唑 2 500 倍液等。

2. 虎杖根腐病

根腐病是药用植物生长过程中一种常见的顽固性病害，特别是连作地块，更易发生。发病植株一般呈现矮小、叶片缩小、发黄、萎蔫的病状；染病末期植株大多茎部腐烂、叶片枯黄、全株倒苗死亡。地下部分，根部出现腐烂症状。药用植物根腐病多以复合侵染为主，主要的病原菌主要以镰孢菌属（*Fusarium*），丝核菌属（*Rhizoctnia*）、茎点霉属（*Phoma*）和疫霉属（*Phytophthora*）真菌为主（沈清清等，2014）。另外，魏士杰等（2016）从虎杖根腐病样品中分离到一株致病的藤黄微球菌（*Micrococcus luteus*），为虎杖根腐病研究提供了依据。根腐病的病因较为复杂，因此要针对虎杖根腐病发生的原因，"对症下药"，制定合理的防治方法，要注重农业防治、生物防治和化学防治相结合。农业防治上注意防止田块积水，施用腐熟的农家肥，少施氮肥，增加磷、钾肥配比等。生物防治上目前应用较多的有芽胞杆菌和木霉菌等相关产品，对土壤生态调节和根腐病防治都有很好的作用。化学防治可选用 50% 多菌灵 500~1 000 倍液、60% 防霉宝可湿性粉剂 500 倍液、40% 抗枯灵 500 倍液浇根处理。

3. 虎杖叶斑病

北京农学院尚巧霞、任争光等在对虎杖病害的调查研究中发现了一种虎杖细菌性叶斑病。该病害主要为害叶片，初期在叶片背面形成油渍状，圆形病斑，病斑中央浅褐色，叶片腹面形成圆形或多角形红褐色病斑。病斑多从边缘开始，向内扩展，后期变成深褐色，叶片边缘干枯坏死，严重时造成早期大量落叶（彩图15）。经室内病原分离鉴定和柯赫氏法则试验验证，确定虎杖细菌性叶斑病由泛菌属细菌（*Pantoea* sp.）引起。该病害主要通过雨水传播，夏季和秋季，高温多雨，易造成病害的流行。发病始期可喷洒中生菌素1 000~1 200倍液、琥胶肥酸铜（DT）可湿性粉剂600倍液、新植霉素2 000倍液、噻唑锌600~800倍液，可杀得（氢氧化铜）可湿性粉剂500~800倍液等，连续防治3~4次。落叶后至发芽前，可喷洒1∶2∶（150~200）波尔多液防治越冬细菌。

4. 虎杖病毒病

北京农学院尚巧霞、任争光等在对虎杖进行病害调查时发现虎杖叶片上出现了病毒病的类似症状。病毒病症状主要发生在虎杖的中下部叶片上，沿叶脉间出现失绿、花叶症状（彩图15）；有的叶片出现皱缩现象，严重的有叶边缘坏死症状（彩图15）。目前尚不明确病毒的种类。虎杖病毒病的防治以加强栽培管理、提高虎杖抗病能力为主，并结合防治蚜虫等措施。具体措施：注意通风透光，避免栽培过密；加强雨季管理，防止田间积水；增施有机肥，避免偏施氮肥，增施磷钾肥；清洁田园，清除田间杂草等。

二、虎杖常见虫害及其防治

1. 蚜虫

蚜虫又称腻虫、蜜虫，包括蚜总科所有昆虫，属半翅目，同翅亚目。在全国各个地区均有分布，多有发生，具有种类多，发生代数多，繁殖快，为害重等特点。以成虫、若虫聚集在植株嫩芽、嫩茎、叶背等处吸食汁液，致使叶片卷曲，嫩叶畸形（潘标志等，2008）。

以桃蚜 [*Myzus persicae* (Sulzer)] 为例：成虫体长 1.6~2.6 mm，体色多变，常为绿、黄绿、褐、赤褐色，头胸部黑褐色。桃蚜在北方一年发生 10 余代，南方可发生 30~40 代，世代重叠极为严重；以卵越冬，翌年 3 月中下旬开始繁殖孵化，4—5 月出现有翅迁飞蚜，开始在虎杖的嫩芽、嫩叶上繁殖为害；10 月开始有翅蚜飞回到桃树上产生有性蚜，交尾后产卵越冬；冬季温暖，春暖早，雨水均匀的年份发生严重，高温高湿不利于桃蚜的生长繁殖。

防治蚜虫时需遵循"预防为主，综合防治"的原则，要采取农业防治、物理防治、生物防治和化学防治多种手段相结合的方式。农业防治要及时清理田间杂草、病残体，减少虫源。物理防治可使用粘虫黄板诱杀有翅蚜虫。生物防治需要保护并利用天敌，主要天敌有斜斑鼓额食蚜蝇、异色瓢虫、草蛉、蚜茧蜂等。化学防治可选用的药剂有 43%联苯肼酯乳油 2 000 倍液，或 10%吡虫啉可湿性粉剂 1 000~2 000 倍液，或 25%抗蚜威水分散粒剂 2 500 倍液，或 10%啶虫脒乳油 5 000 倍液，或 2.5%溴氰菊酯乳油 3 000 倍液喷雾。

2. 蝼蛄

蝼蛄在我国为害较普遍的是华北蝼蛄（*Gryllotalpa unispina* Saussure）和东方蝼蛄（*Gryllotalpa orientalis* Burmeister）两种，均属直翅目蝼蛄科，别名拉拉蛄，地拉蛄。蝼蛄是一种多食性害虫，以成虫和若虫在土中咬食种子、幼芽、嫩根等地下部位。主要为害虎杖幼根和根茎，会影响植株正常生长发育，严重时可导致植株死亡。东方蝼蛄成虫体长 29~35 mm，灰褐色，腹部近纺锤形，前足开掘足，后足背面内侧有刺 3~4 根；华北蝼蛄成虫体长 39~56 mm，黄褐色，腹部近圆形，前足开掘足，后足胫节背面内侧有刺仅 1 根或无。华北蝼蛄 3 年发生 1 代，东方蝼蛄在南方地区 1 年发生 1 代，在北方地区两年发生 1 代。两种蝼蛄均以成虫或若虫在土壤中越冬，其深度在冻土层以下，地下冰位以上。翌年春季 3 月下旬至 4 月上旬随地温升高而向上移动；4 月中旬进入表土层窜成许多隧道为害取食；5—6 月是第 1 个为害高峰期；6 月下旬至 8 月上旬为产卵期；到 9 月上旬以后大批若虫和新羽化的成虫从地下土层转移到地表活动，形成第2个为害高峰期；10月中旬以后，随着气温下降转冷，蝼蛄陆续入土越冬。蝼蛄有趋光性，对麦麸等有趋性，多在低湿地活动为害。

防治蝼蛄时，要注重农业防治，结合生物防治和化学防治。农业防治上及时清除田间外杂草，集中销毁，以消灭成虫和幼虫；栽培前进行翻耕整地，栽后在春夏季进行多次中耕细耙，消灭表土层幼虫和卵块；发现断苗现象，立即在苗附近找出幼虫，并将其消灭。物理防治可利用成虫的趋性，使用黑光灯和糖醋液诱杀越冬成虫。化学防治时，在1~2龄幼虫盛发高峰期，用5.7%氟氯氰菊酯乳油1 200~1 500倍液，或50%辛硫磷乳油1 200倍液等地面喷雾防治（尚巧霞等，2020）；同时选在幼虫高发期，将鲜菜叶切碎或米糠炒香，拌5.7%氟氯氰菊酯乳油800倍液，于傍晚时撒放植株行间或根际附近进行毒饵诱杀。也可每亩用5%辛硫磷颗粒剂1.5~3.0 kg在根际条施或点施，施药选择傍晚进行效果更佳。

3. 蛴螬

蛴螬是鞘翅目金龟甲总科幼虫的总称，是我国普遍发生的地下害虫之一，在我国分布广泛，大部分地区均有发生，为害大，食性很杂，主要以成虫、若虫啃食植株地下部分造成为害。蛴螬为害虎杖和其他植物的种子、根、以及幼苗等部位，成虫还为害瓜菜、果树、林木的叶和花器（班丽萍等，2020）。以铜绿丽金龟（*Anomala corpulenta* Motschulsky）为例，成虫体长18~21 mm，小盾片近半圆形，鞘翅长椭圆形，体铜绿色，全身具有金属光泽；幼虫体肥大，弯曲近"C"形，老熟幼虫体长30~40 mm，多为白色到乳白色，体壁较柔软、多皱，体表疏生细毛，头大而圆，多为黄褐色或红褐色，生有左右对称的刚毛，胸足3对，腹部10节，臀节上生有刺毛。蛴螬在我国年一般年发生1代，或2~3年1代，最长的5~6年1代，多以老熟幼虫越冬。蛴螬共3龄，终生栖居土中，最适的平均土温为13~18 ℃，高于23 ℃，逐渐向下转移，到秋季土温下降再向上层转移，春秋季为害严重。

防治蛴螬时，要注重农业防治，同时合理进行生物防治和化学防治。农业防治要在种植虎杖时，避开马铃薯、甘薯、花生、韭菜等蛴螬为害严重的前茬地块；使用有机肥特别是鸡粪时一定要经过高温腐熟；春秋翻耕土地，减少虫源（陈辽，2015）。生物防治需保护和利用茶色食虫虻、金龟子黑土蜂等天敌昆虫；可在播种或种植前，每亩用150亿孢子/g球孢白僵菌颗粒剂2 kg与细土混匀，也可与麦麸、玉米粗、豆粕混匀，撒施、沟施或穴施，进行防治。化学防治选择在1龄、2龄幼虫高发时期，用40%辛硫磷乳油800~1 000倍液，灌根；也可用5%辛硫磷颗粒剂制成毒土撒施，结合浇水防治低龄幼虫。

4. 二纹柱萤叶甲

二纹柱萤叶甲（*Gallerucida bifasciata* Motschulsky）又称双斑柱萤叶甲、二带拟守瓜，在我国分布广泛。成虫和幼虫食性相同，均取食虎杖叶片及其肉嫩顶芽，影响虎杖的光合作用，生长点被取食，会抑制植株的生长，受害严重的可导致植株整株枯死。该叶甲寄主较复杂，除为害虎杖以外，还会为害何首乌、羊蹄、大黄、酸模、荞麦、杠板归、蓼、三裂绣线菊、赤杨、柳、桃等，其中以蓼科植物为主（赵锦芳，2006）。二纹柱萤叶甲成虫体长6.3~7.5 mm，体黑褐至黑色；触角11节，丝状，黑色或红褐色；前胸背板宽为长的2倍，小盾片舌形；鞘翅表面具细刻点，腹部5节，黑色，鞘翅下面为黄色；足较粗壮，爪附齿式，足胫节及跗节上被有黄棕色绒毛。二纹柱萤叶甲一年发生1代，以成虫在田间土隙裂缝中越冬，每年3月上旬天气变暖后开始活动，4月中旬至5月中旬成虫较多；成虫产卵于4月下旬，幼虫5月上旬出现，6月、7月幼虫较多，6月上旬当年成虫出现；温度超过30℃时成虫滞育，成虫每年7—9月越夏，于10月中旬开始越冬（赵锦芳，2006）。

防治二纹柱萤叶甲时，要注重农业防治，合理进行生物防治和化学防治。农业防治上在冬季彻底清洁田园，减少越冬基数；栽种前，深耕翻土地；及时清除田间蓼科杂草；及时摘除老叶、病叶和虫叶，并及时销毁。生物防治时要保护和利用异色瓢虫、小蜂等天敌昆虫；可用8 000 IU/μL苏云金芽孢杆菌悬浮剂100~200倍液进行喷雾防治。化学防治可用 40% 辛硫磷乳油 1 000 ~ 1 500 倍液，或 2.5% 溴氰菊酯乳油 2 000 倍液，或 10% 氟氯·噻虫啉悬浮剂 1 500 倍液进行喷雾防治。

5. 褐背小萤叶甲

褐背小萤叶甲（*Galerucella grisescens* Joannis）属鞘翅目，叶甲科，主要分布于甘肃、江苏、湖北、湖南、广西、四川、贵州、黑龙江等地，是一种常见的食叶类害虫。成虫和幼虫食性相同，喜阴，多躲在叶背或心叶间为害，取食虎杖的嫩头、叶片、叶柄等多汁部分以补充水分，导致被啃叶片迅速萎蔫死亡（程惠珍，1985）。褐背小萤叶甲成虫全身被毛，体长 3.7 ~ 5.5 mm，头、前胸和鞘翅黄褐至红褐色；触角、小盾片、足均为黑褐色；腹部末端 1 ~ 2 节红褐色；头较小，额唇基较高隆起，头顶较平，有密毛；触角约为体长的一半，第 1 节棒状；前胸背板宽略大于长，表面刻点粗密，中部有一大块倒三角形无毛区域；小盾片三角形，末端圆形；鞘翅基部远宽于前胸背板，肩瘤显突，翅面刻点粗密；足较粗壮（程惠珍，1985）。田间会出现世代重叠现象，而且成虫和幼虫同期为害。全年会出现 2 个危害高峰，第 1 个为害高峰是越冬代成虫和第 1 代幼虫，于 4 月中旬至 5 月；第 2 个为害高峰是第 1、第 2 代成虫和第 2、第 3 代幼虫，于 6 月至 8 月间。

褐背小萤叶甲防治方法参照二纹柱萤叶甲。

6. 广西灰象

广西灰象（*Sympiezomias citri* Chao）又名柑橘灰象甲、灰鳞象鼻虫、泥翅象甲，属鞘翅目象甲科，分布于贵州、四川、福建、江西、湖南、广东、浙江、安徽、陕西等地。以成虫聚集取食新生叶片，造成植株叶片缺刻，严重时会影响虎杖生长发育。该虫有伪死性，受惊动或干扰即坠落逃避。广西灰象成虫善于爬行而不能飞翔，具有转株为害的习性。广西灰象成虫属杂食性害虫，除为害虎杖外，还为害月季、油桐、桃树、杜仲、金花茶、榕树、何首乌、柑橘、桂花等 39 科 66 种植物（刘俊延等，2017）。广西灰象成虫体长 7 ~ 10 mm，体淡灰黑色至黑色，密被灰白色鳞毛，前胸背板中央黑褐色，两侧及鞘翅上的斑纹呈褐色；头部粗而宽，表面有 3 条纵沟，头部先端呈三角形凹入；前胸背板卵形，后缘较前缘宽，布满粗糙而凸出的小颗粒；小盾片半圆形，中央也有 1 条纵沟；鞘翅卵圆形，中带明显，后翅退化；前足胫节有 1 排齿，中、后足的齿不发达。广西灰象一年发生1 代，以幼虫在土中越冬。每年 2 月下旬至 3 月上旬化蛹，3 月中旬至下旬羽化成成虫，4 月上旬开始陆续出土取食。4 月中旬至 5 月上旬进入始盛期，5 月上、中旬交尾产卵，5 月下旬卵粒陆续孵化为幼虫，卵孵化历期 4~5 d，幼虫孵化后入土生活（黎天山等，1998）。

防治广西灰象时，要注重农业防治、生物防治和化学防治相结合。农业防治上可利用该害虫成虫具有假死性的特点，可晃动植株，振落成虫，然后将其收集后杀死；在成虫产卵期，将带有卵块的叶片摘除毁灭（杨群林，2001）。生物防治需要保护和利用益鸟等天敌；可用 200 亿孢子/g 绿僵菌粉剂 100 倍液喷雾防治。化学防治可用4.5%高效氟氯氰菊酯乳油 1 500~2 000 倍液或 2.5 g/L 联苯菊酯乳油500~1 000 倍液喷雾防治。

7. 豆芫菁

豆芫菁俗称斑蝥，也叫地胆、鸡公虫等，是豆芫菁属的总称，属鞘翅目，拟步甲总科，芫菁科，在我国分布广泛。以成虫群聚取食植株叶片，尤喜食幼嫩部位，造成叶片残缺，为害严重时，可将虎杖叶片吃光。豆芫菁除为害虎杖外，主要还为害马铃薯、蚕豆、大豆、豇豆、番茄、花生、棉花、苜蓿等多种植物（申春新等，2012）。以锯角豆芫菁（*Epicauta gorhami* Marseul）为例，成虫桶形，体长 10.5~18.5 mm，头红色，复眼内侧每边各有一个近似圆形的黑褐色且有光泽的瘤；触角不超过体长的一半，雌虫触角鞭状，雄虫触角略成栉齿状；前胸鞘翅及足黑色；足细长；腹部腹面各节的后缘有白色毛组成的横纹，腹面和足均有白色的长毛。锯角豆芫菁在河南、华北、东北一年发生 1 代，长江流域及长江流域以南各省每年发生 2 代，均以 5龄幼虫（假蛹）在土中越冬。翌年春，脱皮为 6 龄幼虫，然后化蛹，羽化，成虫在 6 月下旬至 8 月中旬为盛发期（申春新等，2012）。气温高、降水量少的年份都有利于豆芫菁的发生为害。

防治豆芫菁时，要合理进行农业防治和化学防治。农业防治上要在冬季深耕翻土地，能使越冬伪蛹暴露在土面，被冻死或被天敌吃掉，减少翌年虫源发生基数；在成虫发生为害期，利用成虫白天多在植株顶端活动和群集为害的习性，于清晨用网捕杀，减少田间虫口密度。化学防治可选用4.5%高效氯氰菊酯乳油1 500~2 000倍液，或1.8%阿维菌素乳油1 500倍液，或20%灭幼脲悬浮剂800~1 000倍液喷雾防治。

8. 灰巴蜗牛

灰巴蜗牛（*Bradybaena ravida* Benson）属柄眼目，巴蜗牛科，别名蜒蚰螺、水牛，广泛分布于我国各个地区，为害虎杖叶片，出现缺刻、孔洞。灰巴蜗牛食性很杂，除为害虎杖外，还为害粮食作物、豆科、十字花科、茄科蔬菜及果树等多种作物（李建波等，2017）。灰巴蜗牛成贝中等大小，壳质稍厚，坚固，呈圆球形；壳高约19 mm，宽约21 mm，有5~6个螺层，壳面黄褐色或琥珀色，并具有细致而稠密的生长线和螺纹；触角两对，眼睛位于后触角上；个体大小、颜色变异较大。以成贝和幼贝在田埂土缝、残株落叶、宅前屋后的物体下越冬，每年繁殖1~2代。翌年3月下旬开始取食活动，4月中旬至6月上旬为取食为害盛期，交配产卵的高峰期在5月上旬至5月下旬，卵产于草根、农作物根部土壤中、土缝中；8月中旬至9月下旬进入取食为害的第2个高峰期，10月随着气温下降开始越冬。灰巴蜗牛喜栖息在植株茂密低洼潮湿处，温暖多雨天气及田间潮湿地块受害重。

防治灰巴蜗牛时，需注重农业防治，合理进行物理防治、生物防治和化学防治。农业防治要定期清洁田园、铲除田间杂草；在5—6月蜗牛产卵期进行中耕松土，11月冬耕，杀灭卵和幼贝，减少虫口密度；利用树叶、菜叶等诱集堆，集中捕杀。物理防治可在蜗牛发生地，撒适量生石灰。生物防治需要积极保护利用蟾蜍、青蛙、蚂蚁、鸟类等天敌；也可撒施经水泡过的茶子饼屑或用茶子饼粉1~1.5 kg兑水100 kg，浸泡24 h后，取其滤液喷雾。化学防治时每亩用6%四聚乙醛颗粒剂500 g，在傍晚均匀撒在行间及基部；叶片受害时，喷洒 74%速灭·硫酸铜可湿性粉剂 1 000 倍液，或 70%贝螺杀可湿粉防治 1 000 倍液，或 50%辛硫磷乳油 1 000 倍液进行防治。

三、虎杖常见杂草及其防治

农田杂草具有很强的适应性和繁殖能力，每年中药材生产中因为杂草造成的减产在 5%~10%，严重的地块，减产可达 30%以上。主要原因为杂草根系发达，对水分和养分具有很强的竞争能力；杂草占据中药材生长发育空间，影响光合作用；杂草影响田间通透性及小气候，使得病虫害滋生蔓延（汪玉红，2004）。虎杖田杂草种类很多，主要杂草有马唐、牛筋草、狗尾草、稗草、画眉草等禾本科杂草及藜、牛繁缕、雀舌草、凹头苋、反枝苋、马齿苋、铁苋菜、苍耳、小蓟等阔叶杂草。杂草多的田块，严重影响虎杖的生长，造成减产。另外，杂草的滋生增加了田间用工，提高了生产成本。因此，必须掌握除草技术，将草害控制到最低限度，为虎杖的优质、高产、稳产、低投入创造条件。虎杖杂草防治方法具体如下。

1. 中耕除草

中耕除草是药用植物常规性的田间管理工作。中耕深度要参考根部生长情况，中耕次数要依据气候、土壤和植物生长情况而定。苗期中耕次数宜勤，成株期中耕次数宜少。此外，气候干旱或土质黏重板结，应多中耕，要及时浇水，条件好的地方可以围灌或喷灌，选早晚凉爽的时候浇灌，以免烧苗。灌水后为避免土壤板结，地面稍干时中耕。虎杖发芽时间较长，苗期植株矮小，容易受到杂草危害，应及时防除，主要以人工拔除为主，无定时，见草就拔。但应注意如用锄头等农具锄草要浅，不能伤到虎杖的根。生长期间应及时中耕除草，移栽第 1 年因为植株矮小，生长不够健壮，要注意增加除草次数，第 2 年植株生长较旺盛，可以酌情减少除草次数，以保证地头无杂草生长为宜，除草时注意农具的选用，不能深锄，以免伤根。第 2 年除草 2~3 次，应保持土地表层湿润和田间无杂草（杨彬彬等，2004；石万祥等，2010）。

2. 化学防治

在杂草的防治过程中，针对不同的杂草应根据其不同的性质采用不同的方法进行防治，选用化学药剂除草，不仅省钱省工，而且比较彻底，能收到较好的防除效果（魏新雨，2003）。

（1）播种前。化学除草应以药材播种前土壤施药为主，争取 1 次施药便保证整个生育期不受为害。播种前土壤处理常用药剂可选用 48%氟乐灵乳油、50%乙草胺乳油、50%阿特拉津、25%可湿性绿麦隆粉剂等。

（2）播后苗前。在杂草见绿，虎杖未出苗前，可用 20%克无踪水剂 150~250 mL 兑混合水 25~30 kg 进行田间喷洒。也可选用 41%草甘膦水剂 150~200 mL 兑水 30~40 kg 喷洒，除掉已出芽见绿的杂草。因克无踪、草甘膦对没出土植物无影响，因此对未出土的虎杖不会有影响，但对于未出土的杂草也同样没有效果。虎杖出苗后决不能用以上药剂除草，以免杀死药苗。

（3）出苗后。当杂草长到 3~5 片叶时，每亩地可用 5%闲锄乳油 40 mL 兑水 30 kg 喷洒。当杂草长至 6~8 片叶时加大药量，每亩地可选用 20%拿捕净 150~200 mL 兑水 30~50 kg 喷雾，喷药后 3 d 杂草心叶变黄不生长，5~7 d 心叶枯黄腐烂，逐渐死亡。还有两种苗后除草剂效果也很好。一是 6%克草星乳油，它是具有触杀和一定风吸传导作用的高效除草剂，对多种一年生禾本科杂草和阔叶杂草都有很好的防效，对多年生杂草也有明显的抑制作用。二是 8%高效盖草能，该药剂也是内吸选择性除草剂，主要是抑制杂草的茎和根的分生组织而导致杂草死亡，其药效发挥较快，喷洒落入土中的药剂易被根吸收。施药适期长，杀草谱广，且对虎杖等药材较为安全。

四、虎杖鼠害及其防治

鼠害严重影响虎杖的生产和种植，主要为害包括盗食虎杖种子和为害虎杖苗。害鼠可通过咬食直接为害根部，影响虎杖的正常生长并诱发虎杖根部腐烂。山东地区的优势种为大仓鼠、黑线仓鼠、黑线姬鼠、褐家鼠和小家鼠，适应能力强，生境范围广并且分布范围不断扩大，是鼠害防治的重点（李传海等，2005）。鼠害防治方法如下。

1. 建立鼠情监测站

监测站既能在防治前提供害鼠数量发生的预测数据，为制定和采取防治措施提出指导性意见，又能使我们在防治过程中及时了解防治效果从而有效地调整防治措施，使鼠害防治走向科学化轨道（苏传东等，1996）。

2. 农业防治

采取深翻耕和精耕细作破坏其洞系，清除田间、地头和渠旁杂草杂物，减少荒地，减少害鼠栖息藏身之处，恶化其隐蔽条件（曹修运等，2003）。

3. 化学防治

（1）药剂拌种

采用种衣剂按一定配方拌种然后播种，可很好地防治鼠害，也能有效地防治地下害虫。这样能节省大量人力、财力，降低污染，避免二次中毒，保护天敌。

（2）毒饵诱杀

毒饵所用种类很多，目前常用的有0.1%~1%毒鼠磷和0.01%氯鼠酮（曹修运等，2003；卢浩泉等，1996；邹爱兰等，2003）。采用药剂灭鼠时一定要处理好害鼠的尸体避免二次污染。

（3）药物驱鼠

可以使用从植物、微生物中提取的无公害驱鼠剂，如放线菌酮等。一般趋避剂的有效期为几个月，常在秋季使用，可维持到翌年春季（卢浩泉等，1996）。

4. 物理机械防治

包括人工捕捉和器具捕捉。捕捉过程中尽量减少人和鼠的直接接触，以防止鼠传疾病的感染。

5. 生物防治

应改造现有纯林，多营造混交林，保护和利用猫头鹰、蛇、黄鼬和鹰类等自然天敌（苗保河等，1997；赵承善等，1989）。灭鼠工作应预防为主、综合治理，注意各种措施的协调配合，把重点放在优势种和它们的重点生境上。要顾全大局，绝不能使用国家禁用的毒鼠药。大水漫灌农田灭鼠会造成水资源的巨大浪费，同时也会使地下水位上升造成土壤盐碱化。

第三节　各生育时期管理要点

一、幼苗期

应该及时去除病苗、弱苗，空缺处补苗，有效株数为 8 万~10 万株/hm^2。出苗后，随着气温不断升高，植株生长迅速，同时各类杂草一并出现，因此要结合除草适当松土，尽量不施用除草剂，但要注意锄头等农具要浅拔，勿伤根。病虫害防治应尽量采用黄板、杀虫灯等农业、物理和生物综合防治手段。该时期主要是金龟子幼虫、蚜虫等，根据农药使用执行《农药安全使用准则（十）》（GB/T 8321.10—2018）标准，喷施 1.3% 的苦参碱水剂 900 mL，配制成 480 L/hm^2 即可施用，蚜虫的防治也可以采用如下方法：冬季清园时将枯枝落叶深埋或烧毁，该时期用 50% 杀螟松 1 000~2 000 倍液，或 40% 乐果乳油 1 500~2 000 倍液喷施。

二、全分枝期

在此时期结合人工锄草和扩穴培土追施速效肥料 1~2 次，肥料种类以无机矿质肥料为主，追施尿素 150 kg/hm^2 或稀粪水 1.5 t/hm^2，并配施生物菌肥和微量元素肥料，追肥用量一般 2~5 g/m^2，方法可采用沟施或穴施，施肥后注意灌水（余志芳，2016）。当植株生长到一定的高度时，开始分枝、长叶，前期田间杂草如果不多可以忽略，当枝繁叶茂后，可以管理粗放一些，随时拔除田间的大型杂草，如苋、藜等即可。虎杖喜湿但不耐渍，渍水易诱发根系病害，进入雨季，要及时疏通水沟，排水。该时期病虫害的防治也应该遵循"预防为主，综合防治"的原则，采用农业防治、生物防治为主，化学农药及有效药剂也应符合《农药安全使用准则（十）》（GB/T 8321.10—2018）的防治要求，尽量采用黄板、杀虫灯等农业、物理和生物综合防治手段，防治和减少虫害发生，同时要及时去除病苗、弱苗、密苗，也可防治和减少病害。如果发生较严重的根腐病和叶斑病为主，可以采用65%代森锰锌防治，每周喷施1次，连续喷施2~3次。

三、花期和果期

该时期与全分枝期灌溉、除草、排水基本一致，在施肥方面应该注意尽量少施速效氮肥，可以叶面喷施 0.5% 磷酸二氢钾溶液 1 800 kg/hm²，隔 10~15 d 再喷 1 次。钾肥有抑制茎叶徒长、促进根部膨大的作用。同时注意田间杂草在未结实时要清除一遍，以防来年杂草的生长。该时期的病虫害可以利用瓢虫、草蛉等天敌防治，也可以采用人工诱集捕杀、清除枯枝杂草等病虫残物以及施用农药等综合防治，控制病虫害的发生。

四、枯萎期

首先可在厢面上追施腐熟农家肥 2 cm，然后采用小型秸秆粉碎还田机将虎杖的枯萎的部分粉碎后覆盖于厢面上，这样既保温防冻，又能减少来年杂草数量。第二年返青后，可以撤下。此外，如果采用种子繁殖时，一定要选择发育成熟、颗粒饱满、粒大而重、棕褐色、光亮、无病虫害的种子作为下年的种子使用，同时注意种子应该带有宿存花被进行贮存。

第四节　采收、加工与贮藏

一、采收要点

虎杖药用和工业提取用采收的部位是地下根茎。用根茎繁殖的虎杖 2~3 年即可采收，种子繁殖的需要 4~5 年后才能收获。采收时间在虎杖休眠期进行，即有性繁殖后至次年春季 3—4 月或 11 月均可，具体时间应该考虑生物量的高低和活性物质的含量，一般春季采收时虎杖苷、大黄苷含量要高于其他时期，而秋季采收，虎杖中的白藜芦醇含量较高，同时在此季节采收的生物量也比较高一些。春季采收应该在幼苗出土之前进行，秋季采收在植株枯萎之后比较合适，先将枯萎的植株割下来，再从一端用锹或机械挖出。要注意对根芽的保护，以便留做种栽用。同时采收应该尽量选择晴天，并且可以留带有 2~3 个芽眼的根茎小段，盖上土后可继续生长，即随挖随栽。

茎叶的采收一般在 5 月上旬，一年采收 3~4 次。虎杖因其具有降低血清胆固醇，增加冠状动脉流量，降低血压以及镇咳和抑菌等作用，并且维生素 C 含量丰富，故虎杖的嫩叶、嫩茎可以作为蔬菜食用或作汤。当然也可以晒干后用作药品等。

二、加工和贮藏要点

挖出虎杖根茎后先清除泥土，除去芦头、尾梢、须根后可以直接销售（杨建文等，2004）。其他就需要切成 1 cm 的短段或 0.2~0.3 cm 的厚片，既可以在通风干燥的地方晒干，也可以建土炕进行烘干。一般炕高 1 m，宽 1 m，上面铺设竹篱，码放好虎杖根茎后，下面用不高于 60 ℃的微火烘烤，边烘烤边翻，使其受热均匀，完全干燥后外观上虎杖以粗壮、坚实、断面黄色者为好，切片的部分以粗大、坚实、片厚度均匀、切面色泽一致的直片为最好。加工场所应注意清洁卫生，防止污染。

干燥后放置于清洁、干燥、通风、阴凉、遮光的地方保存，温度最好低于 30 ℃，相对湿度 70%~75%为宜。为防止霉变和虫蛀，饮片宜放木箱、缸贮存，并可选用丙三醇或生石灰在密封下贮藏，特别是在高温高湿季节前，要按件密封保藏。即便是密封很好，也不宜保存时间太久（小于 6 个月最好），否则有效成分也会降低。

第五节　质量控制

一、质量标准

外观性状。根呈圆柱形，略弯曲，主根粗大（5~7 cm）。表面褐色、灰棕色或灰褐色，剥皮后露出黄褐色皮部。须根或毛根较少，无杂质、无泥土、无霉变、无异味。

内在质量。有效成分含量限量指标以虎杖根的干燥品计算，白藜芦醇含量≥0.3%，虎杖苷含量≥4.0%，大黄素含量≥0.7%。按中华人民共和国对外贸易经济合作部《药用植物及制剂进出口绿色行业标准》，农药 DDT 和六六六均不得超过 0.1 mg/kg；重金属 As 和 Pb 含量分别不得超过 2.0 mg/kg 和 5.0 mg/kg。在栽培中严禁使用国家禁止使用的 DDT、六六六等。

二、质量监测

有效成分含量监测。虎杖根干燥品水分含量≤15%；白藜芦醇含量≥0.3%，虎杖苷含量≥4.0%，大黄素≥0.7%。

农药残留监测。虎杖根中均不得检出六六六和 DDT。

重金属监测。虎杖根中重金属总量≤20 mg/kg，其中：总砷≤2.0 mg/kg、总汞≤0.2 mg/kg、铅≤5.0 mg/kg、镉≤0.3 mg/kg、铜≤20 mg/kg。

三、包装、贮藏和运输

1. 包装

应选用无毒、无污染、无异味、清洁、干燥、有一定的机械强度等特性的包装材料密闭包装，且在包装前应再次检查是否已充分干燥，并清除劣质品及异物。包装要牢固、密封、防潮，能保护品质。

2. 贮藏

置阴凉、干燥、通风、清洁、遮光处保存，温度 30 ℃以下，相对湿度 70%~75% 为宜。高温高湿季节前，要按件密封保藏。不宜保存时间太久（小于 6 个月最好），否则内含物会降低。

3. 运输

确保药材质量，运输工具必须清洁、干燥、无异味、无污染，具有良好的通气性，运输过程中应注意防雨淋、防潮、防暴晒。同时不得与其他有毒、有害、有污染、易串味的物质混装。

第六节 虎杖种植机械化

一、人工种植与机械化效益比较

1. 种茎采挖

虎杖病虫害少，生长健壮，根系发达。一般是将虎杖根切成根段，去除肉质直根，选择 2~3 个芽头的段根作为种芽。人工种植虎杖，带芽头的虎杖根茎大多生长在离地表 20 cm 左右的土壤中。人工采挖种茎，一株最少需要 15 min，按 4 400 株/亩，每人工作 11 h，也需要超过 100 人工，以每个工人 100 元/d，费用在 10 000 元以上。而如果采用履带式液压挖掘机或拖拉机只需要 600 元/亩，人工去杂需 10 人工/亩，总计 1 600 元。另外，人工采掘容易剖坏虎杖种茎芽头，而机械将根际土整体挖起，几乎对芽头无影响，且肉质直根也可以挖起，可减少再投入成本。

2. 种子采收

虎杖种子育苗能够有效减少种茎多次扩繁退化。虎杖种子产量高、密集，当前均为人工采收虎杖种子。亩采种需 4~5 人，且大田里虎杖茎秆茂盛，易造成人身危险。且虎杖种子被宿存花被包裹，生长点高，人工采收费时，不易大面积进行。采用大型收割机进行种子采收，操作简单、速度快，容易大面积进行。

3. 整地

种植虎杖一般选择海拔为 500 m 以下林地、平地、零星水田或荒草地、旱坡地。虎杖根系生长快、入土深，要求土质疏松，土壤透气性强，土层深厚肥沃。因此，种植前，需深翻 30 cm 以上，人工翻地费力费时相当大，不易进行。可采用小白龙、微耕机、轮式拖拉机等进行整地。微型开沟机进行厢面、沟渠整理，厢宽 100 cm，沟宽 30 cm、深 20 cm。同时地块四周做深沟 30 cm 以上，防止积水。结合播种，亩施硫酸钾复合肥 80 kg、磷肥 100 kg、有机肥 100 kg，耙碎整平即可。

4. 厢面覆膜

覆盖地膜有助于虎杖根系对土壤养分的吸收与供应，增强土壤肥料利用率。同时，改善虎杖光照条件、减轻杂草和病虫害发生等作用。值得注意的是，虎杖种芽繁殖，因芽头大小存在差异，出苗时间长短会不同，很容易造成费工费力的后果。防止天气影响，厢面平整，且与薄膜紧贴。人工覆膜，至少需要 4 人/亩。采用机械覆膜，省工省力，有助于大面积作业。

5. 种芽栽种

虎杖栽培采用带粗壮芽头的块茎有助于虎杖成苗和生长发育。覆膜后，人工点播不易进行，可选择大型点播机进行，提高效率。

6. 种苗移栽

春季 3—4 月上旬在整地后，进行种苗移栽、在厢面中间开 2 条小沟进行施肥，深度 10 cm 左右，沟间距 20 cm。采用银黑双色反光地膜，根据厢面长度进行覆膜。种苗破膜移栽在肥料两边，距离肥料 10 cm 左右，确保种苗种植密度为 25 cm×40 cm。人工移栽种苗，亩投入4~5人/亩，可采用大型点播机。

7. 田间管理

（1）地上茎秆管理

春季可人工采收幼嫩茎秆，制作咸菜。秋季采用秸秆粉碎还田机处理地上部分，方便肥水管理。另外，6—8月是虎杖虫害发生高峰时期。由于虎杖茎秆较高，采用无人机打药，简单方便，也可节约费用。

（2）中耕除草

虎杖地上部生长旺盛，第1年可采用覆膜防止杂草生长，或者采用微型旋耕机翻地去除杂草冬季虎杖倒苗后，去除虎杖地上部分，覆盖于厢面，保温防冻、减少来年杂草数量，虎杖种植第2年、第3年地上部生长占据绝对优势，只需将少量直立高大杂草及时除去即可。

8. 采挖

在虎杖休眠期采收，即大田种植后第3或第4年的11月或第4或第5年春季解冻后3—4月均可，人工割除虎杖地上茎秆需要5~6人/亩，还需要一辆车拖运茎秆，费工费时，采用秸秆粉碎还田机省时省工。可选晴天，先使用秸秆粉碎还田机清除地表虎杖茎秆，然后采用履带式液压挖掘机或拖拉机将根茎挖出。其中，拖拉机仅适合在土质疏松、无杂石的平地进行，虎杖根茎挖出后，抖掉泥土，切除芦头，除去须根即可鲜销，也可将根茎切段或切片后晒干销售（陈玉娴等，2020）。

二、虎杖根土分离技术

由于虎杖根系结构复杂、携土量大、大小差异显著等原因，目前仍采用人工摔打或利用工具敲打进行根土分离，存在根土分离效果差、劳动强度大、效率低下等问题。传统的根茎类药材根土分离，主要将根茎与土壤一起收集，通过振动、筛分机构实现根土分离（胡志超等，2008；杨传华等，2011；魏宏安等，2013）。这种方法的装置适宜对象为根构造简单的根茎类或块茎类植株，对虎杖这种根系较

为复杂的根茎类植物难以获得理想的分离效果。而且虎杖纵横交错的
细小须根与土壤形成网络加筋固土方式，通过根系与土体间的摩擦、
咬合、黏附等作用，使虎杖根系与土壤形成牢固的根土复合体，严重
限制了传统的分离机械在虎杖根土分离中的应用。陈学深等
（2015）对传统根土分离器械进行了改进，设计出了一款虎杖根系脱
土装置（图3-1）。这种装置将传统脱土装置中径直的梳刷辊指改为
曲线的滑梳辊指，使脱土方式融合了滑切、梳刷作用，减少了辊指与
细长根系的勾连、扯拉，缓和了辊指与粗壮根系的冲击，进而有效提
高了虎杖根土分离产率和效率，分离出的根茎品质也大大提升。

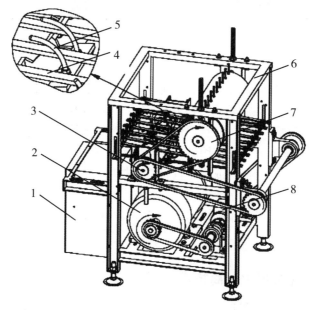

1—变频调速系统；2—电动机；3—滑梳辊总成；4—栅板；
5—滑梳辊指；6—机架；7—翻转辊总成；8—扭矩传感器。

图3-1　虎杖根系脱土试验装置结构

注：引自陈学深等（2015）。

第四章 虎杖化学成分和提取分离

第一节 虎杖中主要化学成分

一、黄酮类化合物

在虎杖根中能分离出 20 余种黄酮类化合物。分布在虎杖花、叶以及地下的根及根茎中。主要含黄酮（flavone）、黄酮醇（flavonol）、儿茶素（catechin）、芦丁（rutin）、槲皮素（quercetin）、金丝桃苷（hyeroside）、槲皮素-3-阿拉伯糖苷（quercetin-3-arabinosede）、槲皮素-3-鼠李糖苷（quercetin-3-rhamnosede）、槲皮素-3-葡萄糖苷（quercetin-3-glucoside）、槲皮素-3-半乳糖苷（quercetin-3-galaetoside）、木犀草素-7-葡萄糖苷（luteolin-7-glucoside）及芹菜素（apigenin）等（肖凯等，2003；孔晓华等，2009；Sun et al.，2014；孙印石等，2015）。虎杖中的黄酮类成分和来源见图 4-1 和表 4-1。

二、醌类化合物

目前已在虎杖中分离得到 21 种蒽醌类成分，大多分布于其地下根及根茎中。虎杖中醌类成分主要有醌类、蒽醌类化合物和萘醌类化合物。蒽醌类化合物是虎杖的主要醌类成分。目前，从虎杖根及根茎等部位中已成功分离得到以大黄素（emodin）为首的蒽醌类物质（梁永峰等，2008）。包含大黄素甲醚（physcion）、大黄酚（chrysophanol）、

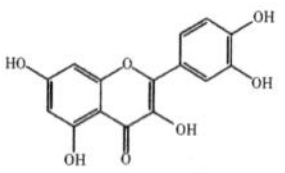
1
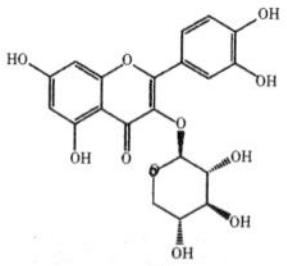
2
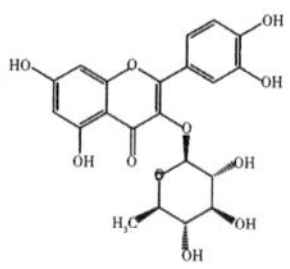
3
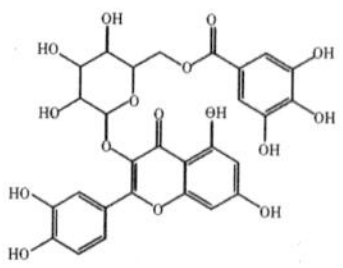
4
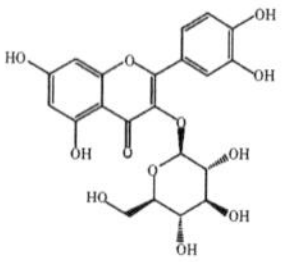
5
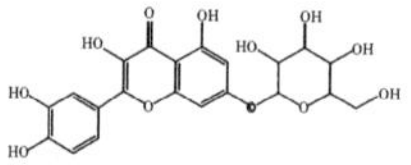
6
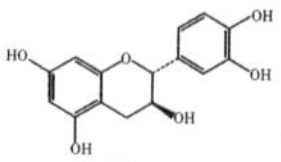
7
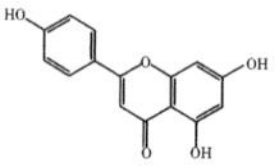
8
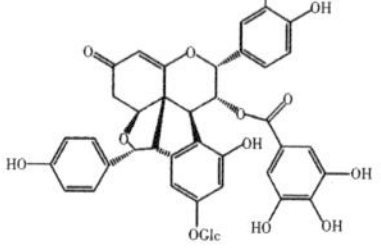
9
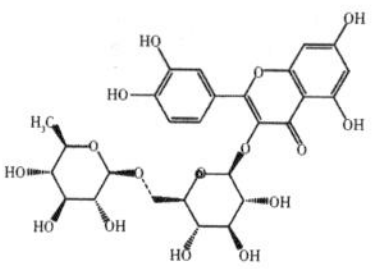
10
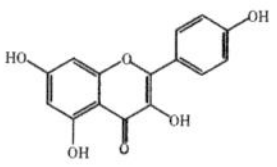
11
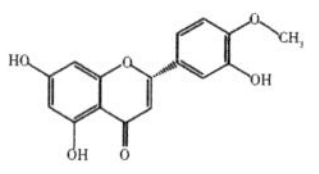
12
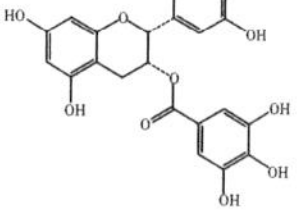
13
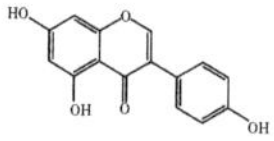
14
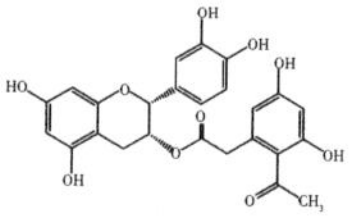
15
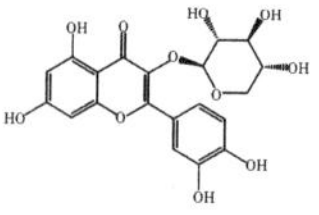
16
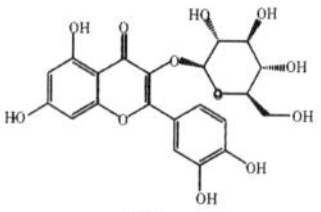
17
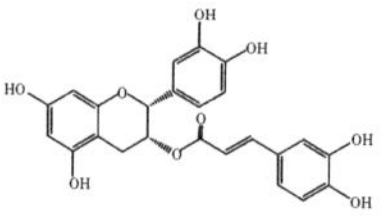
18

1—槲皮素；2—槲皮素-3-*O*-阿拉伯糖苷；3—槲皮素-3-*O*-鼠李糖苷；4—槲皮素-3-*O*-半乳糖苷；5—槲皮素-3-*O*-葡萄糖苷；6—木犀草素-7-*O*-葡萄糖苷；7—儿茶素；8—芹菜素；9—polyfavanostilbene A；10—芦丁；11—山奈酚；12—橙皮素；13—（-）-表儿茶素没食子酸酯；14—染料木素；15—（-）-表儿茶素-3-*O*-克拉维酸；16—槲皮素-3-木糖苷；17—金丝桃苷；18—（-）-表儿茶素-3-*O*-（*E*）-咖啡酸。

图4-1 虎杖中黄酮类成分结构

迷人醇（fallacinol）、6-羟基芦荟大黄素（citreorosein）、6-羟基芦荟大黄素-8-甲醚（guestinol）、大黄酸（rhein）等蒽醌类物质（Zhang et al.，2012；张云婷等，2020；Yoshiyuki et al.，1983），大黄素甲醚-1-

O-β-D-葡萄糖苷（physcion-1-O-β-D-glucoside）和大黄素-1-O-β-
D-葡萄糖苷（emodin-1-O-β-D-glucoside）等一系列蒽醌苷类物质
（朱廷儒等，1985；刘晓秋等，2003）。此外，虎杖花中还含有芦荟大
黄素（aloe-emodin）。而大黄素作为虎杖中代表性化合物之一，其药理
活性十分广泛，在蒽醌类化合物中含量最高。

表 4-1　黄酮类化合物

名　　称	分　类	来　源
槲皮素	黄酮类	根、根茎
槲皮素-3-O-阿拉伯糖苷	黄酮类	根
槲皮素-3-O-鼠李糖苷	黄酮类	根
槲皮素-3-O-半乳糖苷	黄酮类	根
槲皮素-3-O-葡萄糖苷	黄酮类	根
木犀草素-7-O-葡萄糖苷	黄酮类	根
儿茶素	黄酮类	根
芹菜素	黄酮类	根
polyfavanostilbene A	黄酮类	根茎
芦丁	黄酮类	花
山奈酚	黄酮类	花
橙皮素	黄酮类	花
(-) -表儿茶素没食子酸酯	黄酮类	根
染料木素	黄酮类	花
(-) -表儿茶素-3-O-克拉维酸	黄酮类	根、根茎
槲皮素-3-木糖苷	黄酮类	叶
金丝桃苷	黄酮类	叶
(-) -表儿茶素-3-O- (E) -咖啡酸	黄酮类	根、根茎

　　虎杖中的萘醌类成分较少。国内外学者 Yoshiyuki（1983）、朱廷
儒等（1985）、梁永峰等（2008）已从虎杖的有效部位及虎杖根及其
根茎中分离得到了 2-甲氧基-6-乙酰基-7-甲基胡桃醌（2-methoxy-
6-acetyl-7-methyljuglone）、7-乙酰基-2-甲氧基-6-甲基-8-羟基-
1，4-萘醌（7-acetylene-2-methoxy-6-methyl-8-hydroxy-1，4-
naphthoquinone）、2-乙氧基-8-乙酰基-1，4-奈醌（2-ethoxy-8-ace-
tyl-1，4-naphthoquinone）3 种萘醌类化合物，其中，2-乙氧基-8-
乙酰基-1，4-奈醌也被命名为虎杖素 A。此外研究人员还从从虎杖

根中分离出 polyganin A、polyganin B、叶绿醌 B（phylloquinone B）、叶绿醌 C（phylloquinone C）4 种成分（Zhang et al.，2012）。虎杖中的醌类成分和来源见图 4-2 和表 4-2。

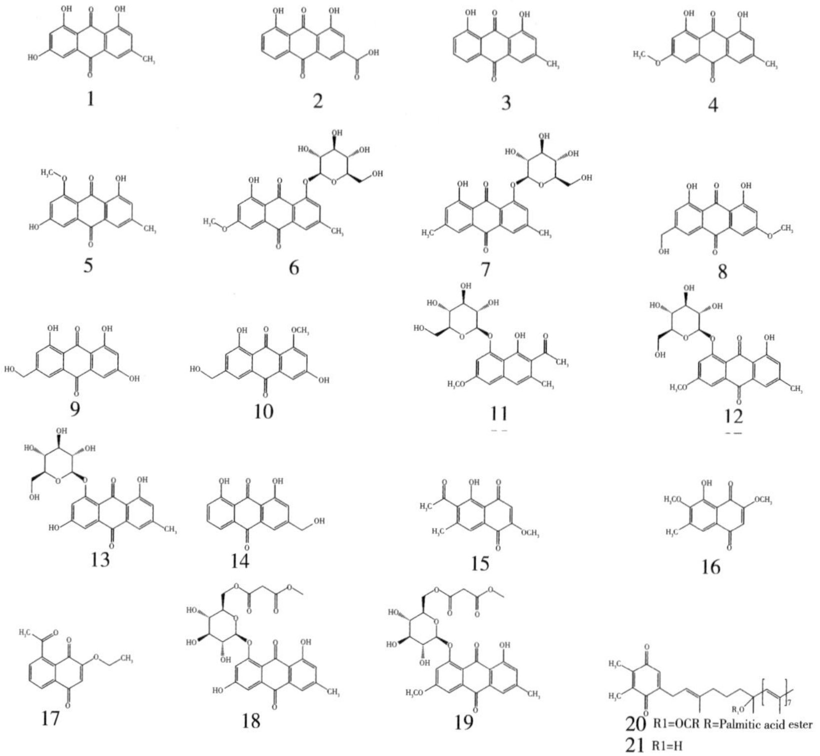

1—大黄素;2—大黄酸;3—大黄酚;4—大黄素甲醚;5—大黄素-8-甲醚;6—大黄素甲醚-1-O-β-D-葡萄糖苷;7—大黄素-1-O-β-D-葡萄糖苷;8—迷人醇;9—6-羟基芦荟大黄素;10—6-羟基芦荟大黄素-8-甲醚;11—蒽酮-8-O-D-葡萄糖苷;12—蒽苷 A;13—蒽苷 B;14—芦荟大黄素;15—2-甲氧基-6-乙酰基-7-甲基胡桃醌;16—7-乙酰基-2-甲氧基-6-甲基-8-羟基-1,4-萘醌;17—2-乙氧基-8-乙酰基-1,4-萘醌;18—polyganin A;19—polyganin B;20—叶绿醌 B;21—叶绿醌 C。

图 4-2 虎杖中的醌类成分结构

表 4-2　醌类化合物

名　称	分　类	来　源
大黄素	醌类	根、根茎
大黄酸	醌类	根
大黄酚	醌类	根
大黄素甲醚	醌类	根、根茎
大黄素-8-甲醚	醌类	根、根茎
大黄素甲醚-1-O-β-D-葡萄糖苷	醌类	根
大黄素-1-O-β-D-葡萄糖苷	醌类	根
迷人醇	醌类	根、根茎
6-羟基芦荟大黄素	醌类	根
6-羟基芦荟大黄素-8-甲醚	醌类	根
蒽酮-8-O-D-葡萄糖苷	醌类	根、根茎
蒽苷 A	醌类	根、根茎
蒽苷 B	醌类	根、根茎
芦荟大黄素	醌类	花
2-甲氧基-6-乙酰基-7-甲基胡桃醌	醌类	根
7-乙酰基-2-甲氧基-6-甲基-8-羟基-1，4-萘醌	醌类	根
2-乙氧基-8-乙酰基-1，4-萘醌	醌类	根
polyganin A	醌类	根
polyganin B	醌类	根
叶绿醌 B	醌类	根
叶绿醌 C	醌类	根

三、二苯乙烯类化合物

截至目前，已有至少 20 余种二苯乙烯类化合物从虎杖中分离出来。虎杖中的二苯乙烯类化合物主要是以 3，4′，5-三羟基芪为主要构架的糖苷类化合物及其异构体、硫酸盐类和二聚体化合物，多集中分布于虎杖的地下根及根茎中。Nonomura et al.（1963）最先从虎杖新鲜根部分离出两个化合物，分别是白藜芦醇（resveratrol）和白藜芦醇-3-O-葡萄糖苷（resveratrol-3-O-glucoside piceid），均有顺反异构体。调查研究发现，植物体中反式白藜芦醇生理活性强于顺式异构体（陈易彬等，2007）。其中，白藜芦醇-3-O-葡萄糖苷（resveratrol-3-O-glucoside）又称虎杖苷（polydatin），为《中国药典》规定的虎杖指标性成分之一。

Jayatilake et al.（1993）从虎杖根的水提物中分离得到白藜芦醇的 4′-β-D-glucoside，同时还通过光异构化得到了顺式异构体 cis-resveratrol、cis-piceid 和 cis-resveratroloside。Vastano et al.（2000）对中国和美国产的虎杖两变种进行了研究，并从美国产虎杖中分得了一种新均二苯乙烯类糖苷（piceatannol glucoside），同时美国产的虎杖中新均二苯乙烯类糖苷和虎杖苷（piceid gallates）含量是中国产虎杖的两倍。Hegde 等（2004）从秘鲁产虎杖的提取物中分得两个没食子酸结合的虎杖苷，没食子酸 1 位羧基分别与虎杖苷糖元的 2 位和 6 位羟基结合。Xiao et al.（2000，2002）报道了几种特殊结构的均二苯乙烯类化合物，从虎杖根的水提物中分离得到 10 个均二苯乙烯糖苷的硫酸盐（stilbene glycoside sulfates）。1-（3′，5′-二羟基苯基）-2-（4″-羟基苯基）-乙烷-1，2-二醇 [1-（3′，5′-dihydroxyphenyl）-2-（4″-hydroxyphenyl）-ethane-1，2-diol] 是一个白藜芦醇衍生物，是 Xiao et al.（2002）发现的，其结构与白藜芦醇不同之处在于它的双键是饱和的，被氧化成二醇。之后又有两个均二苯乙烯糖苷的寡聚体（dimeric resveratrol glycosides）从虎杖中得到分离。李福双等（2011）采用各种柱色谱法对虎杖进行分离纯化，

在 2011 年首次报道了 polynapstilbene A 和 polynapstilbene B 这两个天
然的二苯乙烯苷与萘的聚合物，二者互为 R，S 异构体。虎杖中的二
苯乙烯类成分和来源见图 4-3 和表 4-3。

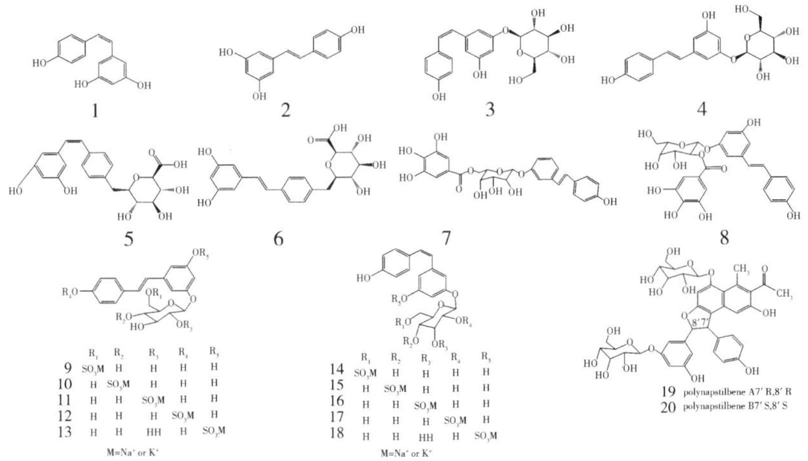

1—顺式白藜芦醇；2—反式白藜芦醇；3—顺式虎杖苷；4—反式虎杖苷；
5—顺式白藜芦醇-4′-O-葡萄糖苷；6—反式白藜芦醇-4′-O-葡萄糖苷；7—白
藜芦醇-4-O-D-(2′-没食子酰基)吡喃葡萄糖苷；8—白藜芦醇-4-O-D-(6′-
没食子酰基)吡喃葡萄糖苷；9—反式白藜芦醇-3-O-$β$-D-葡萄糖苷-6″-硫酸
盐；10—反式白藜芦醇-3-O-$β$-D-葡萄糖苷-4″-硫酸盐；11—反式白藜芦醇-
3-O-$β$-D-葡萄糖苷-2″-硫酸盐；12—反式白藜芦醇-3-O-$β$-D-葡萄糖苷-
3″-硫酸盐；13—反式白藜芦醇-3-O-$β$-D-葡萄糖苷-5-硫酸盐；14—顺式白
藜芦醇-3-O-$β$-D-葡萄糖苷-6″-硫酸盐；15—顺式白藜芦醇-3-O-$β$-D-葡萄
糖苷-4″-硫酸盐；16—顺式白藜芦醇-3-O-$β$-D-葡萄糖苷-3″-硫酸盐；17—顺
式白藜芦醇-3-O-$β$-D-葡萄糖苷-2″-硫酸盐；18—顺式白藜芦醇-3-O-$β$-D-
葡萄糖苷-5-硫酸盐；19—polynapstilbene A；20—polynapstilbene B。

图 4-3　虎杖中的二苯乙烯类成分结构

表 4-3　二苯乙烯类化合物

名　称	分　类	来　源
顺式白藜芦醇	二苯乙烯类	根、根茎

❖ 虎杖

（续表）

名　称	分　类	来　源
反式白藜芦醇	二苯乙烯类	根、根茎
顺式虎杖苷	二苯乙烯类	根、根茎
反式虎杖苷	二苯乙烯类	根、根茎
顺式白藜芦醇-4′-O-葡萄糖苷	二苯乙烯类	根、根茎
反式白藜芦醇-4′-O-葡萄糖苷	二苯乙烯类	根、根茎
白藜芦醇-4-O-D-（2′-没食子酰基）吡喃葡萄糖苷	二苯乙烯类	根
白藜芦醇-4-O-D-（6′-没食子酰基）吡喃葡萄糖苷	二苯乙烯类	根
反式白藜芦醇-3-O-β-D-葡萄糖苷-6″-硫酸盐	二苯乙烯类	根
反式白藜芦醇-3-O-β-D-葡萄糖苷-4″-硫酸盐	二苯乙烯类	根
反式白藜芦醇-3-O-β-D-葡萄糖苷-2″-硫酸盐	二苯乙烯类	根
反式白藜芦醇-3-O-β-D-葡萄糖苷-3″-硫酸盐	二苯乙烯类	根
反式白藜芦醇-3-O-β-D-葡萄糖苷-5-硫酸盐	二苯乙烯类	根
顺式白藜芦醇-3-O-β-D-葡萄糖苷-6″-硫酸盐	二苯乙烯类	根
顺式白藜芦醇-3-O-β-D-葡萄糖苷-4″-硫酸盐	二苯乙烯类	根
顺式白藜芦醇-3-O-β-D-葡萄糖苷-3″-硫酸盐	二苯乙烯类	根
顺式白藜芦醇-3-O-β-D-葡萄糖苷-2″-硫酸盐	二苯乙烯类	根
顺式白藜芦醇-3-O-β-D-葡萄糖苷-5-硫酸盐	二苯乙烯类	根
polynapstilbene A	二苯乙烯类	根、根茎
polynapstilbene B	二苯乙烯类	根、根茎

四、其他化合物

目前，已从虎杖根中分离得到 7-羟基-4-甲氧基-5-甲基香豆素（7-hydroxy-4-methoxy-5-methylcoumarin）。金雪梅等（2007）采用硅胶色谱柱对虎杖的根及根茎进行分离，通过化学和波谱分析方法鉴定化合物结构，结果从其乙醇提取物的乙醚部分分离得到香豆素（coumarin）、黄葵内酯（ambrettolide）、β-谷甾醇（（β-sitosterol）、齐墩果酸（oleanolic acid）等 7 个化合物，其中还包括虎杖素 A（cuspidatumin A），是金雪梅等首次发现并命名的。此外，虎杖中还分离得到了原儿茶酸（protocatechuic acid）、2，5-二甲基-7-羟基色酮（2，5-dimethyl-7-hydroxychromone）以及一些直链饱和脂肪酸如软脂酸、硬脂酸、花生油酸等物质。Xiao et al.（2010）首次从虎杖中分离得到没食子酸（gallic acid）、2，6-二羟基苯甲酸（2，6-dihydroxy-benzoic acid）、1-（3-O-β-D-吡喃葡萄糖基-4，5-二羟基-苯基）-乙酮［1-（3-O-β-D-dihyran glucosyl-4，5-dihydroxy-phenyl）-ethyl ketone］、它乔糖苷（tachioside）和其异构体异它乔糖苷（isotachioside）。

Takao et al.（1973）从虎杖中分离出 1 种含 38 个单糖，相对分子质量约 6 000 的多糖。文献表明，利用氨基酸自动分析仪及吸收分光光度计分析，测得了虎杖中含有氨基酸 12. 99 mg/g，并且含有铜、铁、锰、锌、钾等微量元素（Xiao et al.，2010）。从虎杖嫩茎中分离出酒石酸（tartaric acid）、苹果酸（malic acid）、柠檬酸（citric acid）、维生素 C（vitimin C）、草酸（oxalic acid）等酸类物质。虎杖中的其他成分见图 4-4 和来源表 4-4。

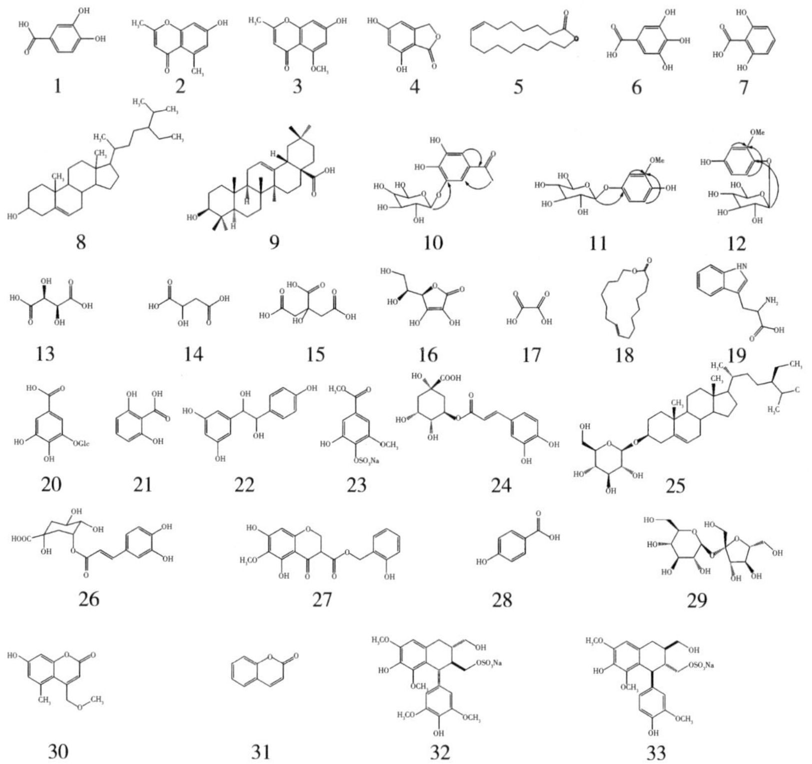

1—原儿茶酸;2—2,5-二甲基-7-羟基色酮;3—5-羟甲基-7-羟基-2-甲基色原酮;4—5,7-二羟基- 1(3H)-异苯并呋喃酮;5—黄葵内酯;6—没食子酸;7—2,6-二羟基苯甲酸;8—β-谷甾醇;9—齐墩果酸;10—1-(3-O-β-D-吡喃葡萄糖基-4,5-二羟基-苯基)-乙酮;11—它乔糖苷;12—异它乔糖苷;13—酒石酸;14—苹果酸;15—柠檬酸;16—维生素 C;17—草酸;18—黄葵内酯;19—色氨酸;20—1-(3-O-β-D-吡喃葡萄糖苷-4,5-二羟基-苯基)-氨基苯乙酮;21—2,6-二羟基苯乙酸;22—1-(3′,5′-二羟苯基)-2-(4″-羟苯基)-乙烷基-1,2-二醇;23—3,4-二羟基-5-甲氧基苯甲酸钠;24—绿原酸;25—胡萝卜苷;26—新绿原酸;27—5,7-二羟基-6-甲氧基-3-(9-羟基苯基苯基)-色原酮;28—4-羟基苯乙酮;29—蔗糖;30—7-羟基-4-甲氧基-5-甲基香豆素;31—香豆素;32—利奥尼西林-2a-硫酸钠(-);33—利奥尼西林-2a-硫酸钠(+)。

图 4-4　虎杖中的其他成分结构

表 4-4 其他物质分类和来源

名 称	分 类	来 源
原儿茶酸	其他类	根
2,5-二甲基-7-羟基色酮	其他类	根
5-羟甲基-7-羟基-2-甲基色原酮	其他类	根
5,7-二羟基-1（3*H*）-异苯并呋喃酮	其他类	根
黄葵内酯	其他类	根、根茎
没食子酸	其他类	根
2,6-二羟基苯甲酸	其他类	根
β-谷甾醇	其他类	根、根茎
齐墩果酸	其他类	根、根茎
1-（3-*O*-β-D-吡喃葡萄糖基-4,5-二羟基-苯基）-乙酮	其他类	根
它乔糖苷	其他类	根
异它乔糖苷	其他类	根
酒石酸	其他类	嫩茎
苹果酸	其他类	嫩茎、叶
柠檬酸	其他类	嫩茎、叶
维生素 C	其他类	嫩茎
草酸	其他类	嫩茎
黄葵内酯	其他类	根、根茎
色氨酸	其他类	根
1-（3-O-β-D-吡喃葡萄糖苷-4,5-二羟基-苯基）-氨基苯乙酮	其他类	根
2,6-二羟基苯乙酸	其他类	根
1-（3′,5′-二羟苯基）-2-（4″-羟苯基）-乙烷基-1,2-二醇	其他类	根

（续表）

名　称	分　类	来　源
3，4-二羟基-5-甲氧基苯甲酸钠	其他类	根
绿原酸	其他类	根
胡萝卜苷	其他类	花
新绿原酸	其他类	叶
5，7-二羟基-6-甲氧基-3-（9-羟基苯基甲基）-色原酮	其他类	叶
4-羟基苯乙酮	其他类	花
蔗糖	其他类	花
7-羟基-4-甲氧基-5-甲基香豆素	其他类	根、根茎
香豆素	其他类	根
利奥尼西林-2a-硫酸钠（-）	其他类	根
利奥尼西林-2a-硫酸钠（+）	其他类	根

第二节　虎杖化学成分提取分离技术

一、虎杖化学成分提取技术

1. 常规溶剂提取技术

溶剂提取法是国内应用最广泛的一种传统提取方法，该方法利用溶剂对中药中有效组分的溶解和植物细胞内外的浓差传质达到提取的目的，所以在对目标组分或部位进行提取时溶剂的选择至关重要（王昌瑞等，2012）。虎杖中有效组分的工业提取目前仍然采用常规溶剂提取法。

以白藜芦醇为例，白藜芦醇易溶于乙醇、甲醇、丙酮、石油醚-乙酸乙酯等有机溶剂，但微溶于热水，难溶于冷水，故很适宜用溶剂提取法。由于乙醇较甲醇等溶剂毒性低，且溶解度也能满足需求，并且价格低廉，以乙醇为溶剂对虎杖进行回流提取为最常用。张玉千等（2020）人采用正交设计法优选了虎杖中提取分离白藜芦醇和虎杖苷的条件，借助高效液相色谱法（HPLC）测定虎杖苷和白藜芦醇的含量。以乙醇为提取溶剂，超声波辅助提取。梯度乙醇提取发现，当乙醇浓度在 80% 时，提取含量达到最高，之后含量显示下降，遂确定乙醇的最优条件为 80%。在确定料液比的时候发现料液比太小，提取率低；料液比太大，又造成浪费，且后续浓缩处理时费时费力加大成本。经过梯度对比结合正交实验结果，确定料液比为 1:20，提取温度为 60 ℃，提取时间为 40 min。在此条件下虎杖苷和白藜芦醇的提取含量分别达到了 2.42% 和 0.41%，提取率高，工艺稳定。

2. 双水相提取技术

双水相萃取（aqueous two phase extraction，ATPE）属于液液萃取的范畴，指当物质进入双水相体系后，由于表面性质、电荷作用和各种力（如憎水键、氢键和离子键等）的作用和溶液环境的影响，在分成的上、下相中具有不同的梯度，从而达到萃取目的的一种方法。具有分相时间短，易于连续化操作，易于放大，技术简单经济等特点。可以应用在分离天然产物中的黄酮类、有机酸类等化合物。常用的高聚物/无机盐体系有聚乙二醇（PEC）/硫酸盐、PEG/磷酸盐体系和PEG/葡聚糖（Dectran）体系。双水相萃取严格意义上讲属于分离技术而非提取技术，但是可以和提取环节相结合成为一个步骤，既节省时间又可以有针对性地提取组分。

Wang et al.（2008）构建了由 25% 乙醇和 21% 硫酸铵组成的双水相体系，来萃取虎杖有效部位中的药用成分，大黄素和白藜芦醇等均在顶相即乙醇相富集。经 HPLC 分析，大黄素和白藜芦醇的产率分别是微波萃取和热回流萃取的 1.1 倍和 1.9 倍。将提取和分离一步并举，且提高了得率，降低成本。

3. 离子液体盐诱导液-液萃取技术

离子液体通常是由有机阳离子和无机阴离子组成的在室温时呈液态的液体，是一种新型的绿色溶剂（刘培元等，2008）。离子液体萃取（ionic liquid-based salt-induced liquid-liquid extraction，IL-SI-LLE）富集效率高、快速简便，并且离子液体可重复利用。

Wang et al.（2019）首次研制了离子液体盐诱导液-液萃取技术，并将其应用于虎杖中4种活性成分的提取，即虎杖中的大黄素、大黄素甲醚、白藜芦醇苷、白藜芦醇。以离子液体为萃取溶剂，将处理过的干燥虎杖经过120目筛，得到的样品粉末在55℃下干燥至质量不再变化，然后与萃取剂混合。在超声辅助下进行提取，在盐的存在下形成了富离子液相、富盐相和固体样品相，目标物在离子液相中富集后用高效液相色谱法进行测定。与其他传统方法相比，该方法所需提取溶剂用量少，且萃取剂可以反复利用，提取时间短，可用于虎杖中蒽醌类和多酚类化合物的提取和测定。

4. 水解提取技术

由于虎杖中的白藜芦醇、大黄素、黄酮等物质多以葡糖糖苷的形式存在，故在提取过程中为了提高目标物质收率，常常在提取时融合化学、生物等水解技术来展开。水解剂主要有无机酸、微生物和酶等。目前运用最多的就是利用酶进行分解。

白藜芦醇在植物内以自由态和糖苷2种形式存在，白藜芦醇苷在一定条件下酶解脱去葡萄糖苷，可转换成白藜芦醇（韩伟等，2010）。酶解法一方面通过分解破坏虎杖药材细胞壁的有效成分，通过破坏细胞更多使白藜芦醇溶出率增加；另一方面将白藜芦醇苷转化为白藜芦醇，从而提高白藜芦醇提取率，酶解法要远优于不加酶法。目前，用于提取白藜芦醇的酶主要有纤维素酶、β-葡萄糖苷酶及多种复合酶。更多文献表明一般复合酶的效果较单种酶提取效果要好，此外也与复合酶的种类有很大关系（Wang et al.，2013；邓梦茹等，2011；叶秋雄等，2013）。

陶明宝等（2017）采用单因素和正交试验，以白藜芦醇的含量和浸膏得率为评价指标，对白藜芦醇的酶法提取工艺进行优化。根据正交实验结果显示，纤维素酶用量为药材质量的0.6%，药液用盐酸调至pH值为5.0，50℃水浴酶解36 h。酶解后的样品加入的乙醇浓度为80%，用量为8倍量，并在85℃药液微沸的情况下提取3次，每次提取 2 h，因为醇提温度为 85 ℃药液呈微沸状态时，白藜芦醇的含量和浸膏得率达到最大值，故在此试验条件下，最佳的醇提温度为 85 ℃。结果显示原药材中白藜芦醇的含量为 0.459%，经酶解后白藜芦醇含量上升至 1.773%（3 次平行试验结果）。相比传统渗漉法、浸提法等方法，酶法具有溶剂用量少（8 倍量乙醇）、操作简便、转化率较高、含量（1.773%）相对较高的优势。

但是酶的回收较为困难，且酶活性易受环境等因素的影响，目前的发展趋势是将酶固定化，以提高酶的利用效率。目前工业上对于虎杖的水解多采用微生物水解法，如利用酵母等微生物对糖苷键进行水解，水解后得到的苷元产量有较大程度的提高。

5. 超声提取技术

超声技术在天然产物的分离纯化过程中，通过产生的空化效应（Wen et al.，2018）、骚动效应、热效应，引起机械搅拌，从而破坏植物组织，加速溶剂穿透，促进有效组分溶出，提高提取率，同时还可以避免高温提取对有效组分的破坏。利用超声辅助可以在较低温度下实现高效溶剂提取，保证组分的稳定性。

高明波等（2015）研究通过单因素和正交试验优化了虎杖大黄素的超声波提取工艺，利用超声波在液体中产生空化作用，从而破坏细胞壁的结构，使其中的有效物质释放出来。而实验室常用超声波清洗仪，虽然使用方便但温度不可控，本试验使用可控温度的中药成分超声波萃取仪，对虎杖根中大黄素进行单因素试验和正交试验，使用紫外分光光度法测定大黄素的含量，以此确定超声波提取虎杖中大黄素的最佳工艺。根据以提取温度、溶剂浓度、料液比与提取时间为因素建立的正交试验结果，得出超声波提取虎杖大黄素的最佳工艺：溶剂为 80%（乙醇+丙酮）（体积比 1∶1），料液比 1∶20（质量体积比），在 70℃下提取 30 min，大黄素得率为 1.40%，同时得出提取因素影响排序为溶剂、料液比、提取时间、提取温度。

对比传统溶剂提取法，超声提取所用溶剂的量减少、提取时间明显缩短、提取率提高。但受超声波衰减因素的制约，超声有效作用区域为一环形，在工业应用上如果提取罐的直径太大，在罐的周壁就会形成超声空白区。

6. 微波萃取法

微波萃取法（microwave assisted extraction，MAE）是一种是将微波与传统溶剂提取相结合的一种提取方法。在微波场中，微波可直接作用于分子，使分子的热运动加剧，从而引起温度迅速升高，这种热效应可以快速破坏细胞壁，使有效成分更快的被分离提取出来。

王辉等（2014）通过正交实验设计分别对微波功率、乙醇浓度、提取时间、料液比4个因素进行水平条件实验，以确定最佳的从中药虎杖中提取白藜芦醇的工艺条件，确立微波法提取白藜芦醇的工艺。根据正交实验的结果综合可以得出影响提取虎杖中白藜芦醇的因素中料液比>（微波功率＝乙醇浓度）>提取时间，并确立微波法提取虎杖中白藜芦醇的最佳工艺条件为微波700 W功率、乙醇浓度70%、料液比1：20（m/V）、微波提取时间20 min。在最佳条件下进行3次平行实验白藜芦醇提取率均在在2.4%以上，提取效果较好。

微波提取具有工艺简单、无污染、提取时间短、提取率高等优点，但是微波提取的设备较昂贵，所需溶剂必须为有机溶剂，目前主要用于实验室，成为制约其广泛应用的主要因素之一。

7. 超临界 CO_2 萃取

超临界流体技术是近年来发展起来的一种分离新技术，尤其对生物资源的有效提取分离有独特的特点和优势。应用最多的超临界流体是 CO_2，由于 CO_2 不会对大气造成污染，更不会对操作者带来身体伤害，符合"绿色化学"的要求，并且具有萃取能力强、提取率高、提取时间短以及生成周期短等优点。目前，利用超临界流体技术萃取虎杖中白藜芦醇的报道尚不多见。

方耀平等（2014）研究采用均匀设计方法安排试验，探索压力、温度、夹带剂等工艺参数对有效成分得率的影响，以此对超临界 CO_2 流体萃取虎杖中白藜芦醇的工艺条件进行优化。均匀设计法的特点是将有关试验的水平数均匀分散在实验范围内，使有限的数据具有广泛的代表性，因此可大幅度减少试验次数。试验所得超临界萃取白藜芦醇的最佳工艺条件为萃取压力30 MPa，萃取温度60 ℃，夹带剂用量

100%，萃取时间 120 min。萃取过程中的压力、温度的变化对萃取率的影响起主要作用，因此控制好压力和温度的参数显得尤为重要。

超临界二氧化碳萃取白藜芦醇，同传统萃取方式相比较，具有简便、高效、环保、产物易于分离等特点，并且能获得较高的萃取率，是一种很好的白藜芦醇提取分离方法。但由于此法对原料粒度要求高、设备昂贵一次投入大、维护费高等原因限制了其大规模应用。

8. 环糊精提取技术

环糊精（Cyclodextrin，CD）及其衍生物是近几年来发展起来的一种新型材料，在改善药物制剂方面的应用尤为广泛，在中药制剂中的应用表现为挥发油的固定化、增加药物的稳定性及溶解性等。国内外学者对虎杖中白藜芦醇 CD 技术的应用始于制剂（Lu et al.，2009；Bertacche et al.，2006），但近年 CD 技术也被用作特异性的提取分离材料应用到包括虎杖在内的天然产物的提取分离方向（谷福根等，2011）。

马坤芳等（2010）研究利用水溶液中 β-环糊精与客体分子包合法选择提取虎杖中的化学成分，由于虎杖化学成分主要为游离蒽醌类、芪类及其苷类、鞣质类等化合物，为弱酸性。硅胶柱层析目前比较广泛适用于蒽醌类、酸性、酚性等化合物的制备。因此，本研究先选择硅胶柱层析进行粗分离，再结合其他分离手段细分单体成分。利用主体分子 CD 难溶于有机溶剂，而客体分子易溶于有机溶剂的性质，因此选用有机溶剂热提取法进行主客体成分分离。实验对比发现95%乙醇脱包合较丙酮、乙酸乙酯、石油醚这 3 种有机溶剂对包合物脱包合比较完全，又考虑到经济和环境因素，故选用 95%乙醇为 CD 包合物的脱包合溶剂。脱包物经乙酸乙酯热提取，再分别经硅胶柱色谱分离、重结晶纯化和制备型 HPLC 纯化得到 5 个化合物，经确证分别为大黄素、大黄素甲醚、白藜芦醇、大黄素-8-O-β-D-葡萄糖苷和白藜芦醇苷。

此法虽有一定的创新性，对中药中的有效成分有较强的针对性，但提取方法过于复杂，需要先对提取目标物进行包合形成包合物，包合物需要经过一系列筛选，再进行脱包，对所得脱包物进行分离得到相应化合物。操作过程比较烦琐，不便于大规模应用。

9. 微射流提取技术

微射流提取是指将中药材放入微射流提取器中，对物料进行低温物理破壁提取。其原理是利用 3 组方向不同、相互啮合的微射流发生器使物料向不同方向高速运动，物料细胞在发生碰撞的瞬间破裂，细胞内有效成分向极性相同的溶媒介质中释放、扩散和溶解，最终实现高效率提取（郑伟军等，2015）。

吴少莉等（2018）分别利用微射流技术和煎煮法提取虎杖中的有效成分，以对比两种方法对虎杖中虎杖苷、白藜芦醇、大黄素、总黄酮和总多糖的提取效果，并联用制备高效液相色谱法和紫外分光光度法分别测定虎杖中 5 种有效成分的提取含量，为虎杖药材的充分利用提供借鉴用。发现在室温下以频率 60 Hz、流量 100 mL/min 进行提取，测得虎杖苷、白藜芦醇和大黄素平均提取含量为 13.25 mg/g、1.25 mg/g、3.23 mg/g，微射流提取虎杖苷含量约为煎煮法的 3.5 倍；而对比传统煎煮法则未检测出虎杖中的白藜芦醇和大黄素。

对于虎杖大黄素的提取，与传统方法相比微射流提取技术具有周期短、成本低、有效成分提取率高等优势。但实验中微射流技术所用提取试剂比煎煮法多 1.5 倍，且对虎杖中其他有效物质的提取效率相差不大，但其在热敏感活性成分含量高的中药提取应用中具有广泛应用的前景，相信随着研究的逐步深入，微射流技术将作为中药现代化的重要技术之一。

二、虎杖化学成分分离纯化技术

1. 大孔树脂法

大孔吸附树脂（macroporous resin）作为一种具有多空立体结构的合成聚合高分子吸附剂，其可以通过物理吸附有选择地吸附组分，其吸附作用则主要是通过表面吸附、表面电性或氢键等来实现。大孔树脂具有选择性好、吸附量大、效率高、易洗脱、再生和成本低，特别适用于水溶性化合物的分离纯化等优点，在生物碱、皂甙、黄酮、多糖等的纯化中已有应用，并取得了显著的效果。大孔树脂种类较多极性不同，吸附性能各异。

刘力铭（2014）利用干燥的虎杖根为原料，用醇提法提取白藜芦醇，并以白藜芦醇为吸附质，分别用动态吸附和洗脱试验考察 D-101 树脂对白藜芦醇的吸附性能，并得出吸附洗脱的最佳工艺参数，为工业化分离提取白藜芦醇提供了条件。实验以体积分数 79% 的乙醇为提取液，料液比为 1∶10，于 53 ℃下提取 2 次，每次 66 min 首先制备提取液；将处理好的湿树脂 D-101 装柱，通过实验对比确定吸附流速为 1.0 mL/min 时最优，50% 的乙醇为最佳的洗脱溶剂，当采用 50% 的乙醇洗脱用 6 倍柱体积的洗脱液基本上可以将白藜芦醇洗脱下来，且洗脱峰较集中，因此确定最佳洗脱剂用量是 6 倍的柱体积。3 次平行结果显示，经过纯化后的白藜芦醇含量分别为 22.87%、23.69%、23.35%。而对比未纯化前的浸膏（白藜芦醇含量为 11.71%）纯化后白藜芦醇的含量增加了 10% 以上。

该方法纯化效果稳定，可应用于生产中。但虽然大孔树脂是一类有较好吸附性能的有机高聚物吸附剂，其具有吸附快、解吸快、吸附容量大、易于再生、使用寿命长的优点，但对于白藜芦醇分离应用中的特异性和针对性还有待提高。

2. 高速逆流色谱法

高速逆流色谱技术（Highrspeed Countercurrent Chromatography, HSCC）是在无固体载体或支撑体的基础上，选用一种有机/水两相溶剂体系或水相溶剂体系，分别充当固定相和流动相，依靠特定仪器的特殊运行方式所产生的离心场作用，将两相溶剂固定，然后根据各组分在两相中的分配能力不同，而使混合样品组分得到分离（郑杰等，2009）。

Yang et al.（2001）采用高速逆流色谱技术分离纯化虎杖醇提液中的白藜芦醇、大黄素-6-甲醚-8-D 葡萄糖苷 A 和 B，溶剂系统为氯仿-甲醇-水（4∶3∶2），流速为 2 mL/min，分离后各化合物的纯度均达到 98% 以上。

HSCC 现已在医学、药学、有机合成、环境、农业等领域得到了普遍应用，尤其是在中药有效成分的分离纯化领域已成为最有优势的分离分析方法之一。

3. 分子印迹法

分子印迹聚合物（MIPs）是将功能单体在模板分子（印迹分子）存在下，通过交联剂进行交联聚合，然后将模板分子除去后得到聚合物，其具有能够与目标分子特定结合的空间结构，从而对目标分子具有很高的选择性，其主要有非共价和共价 2 种不同形式（Lanza et al.，2001；Andersson，2000）。

冯涛等（2016）采用分子印迹法分离虎杖中的白藜芦醇。但是白藜芦醇含有多个酚羟基，具有一定的极性，不溶于氯仿等非极性溶剂，而一般认为在非共价分子印迹技术中，溶于极性溶剂的化合物不适宜作为模板分子。因此，用于合成白藜芦醇印迹聚合物的功能单体必须能在极性溶剂中与白藜芦醇形成氢键。考虑到在极性溶剂中酰胺比羧酸能形成更强的氢键，故选用白藜芦醇为模板，丙烯酰胺为功能单体，氯仿和四氢呋喃混合液为作为印迹聚合物的交联剂，制备白藜芦醇分子印迹聚合物，以分子印迹聚合物的吸附性能、选择性能以及固相萃取性能为考察指标，选用40%乙醇溶液作为淋洗液，80%乙醇溶液为洗脱液，流速为 1 mL/min 的分子印迹固相萃取的萃取条件，HPLC 测定后洗脱液中的白藜芦醇的纯度为 89.2%，白藜芦醇的收率为 73.6%。

分子印迹法所制备分子印迹聚合物对模板分子具有高度的选择性、专一的识别性、亲和性和稳定性好等特点，可除去大部分杂质，达到良好的分离效果，展示了该技术的应用前景。然而，该技术所需成本高、过程复杂，使得工业化应用有一定的局限性。

4. 膜分离法

膜分离技术（Membrans Separation Technique）是 21 世纪的一项高新技术，包括微滤、超滤、纳滤、电渗析、反渗透、膜电解、膜蒸馏、膜萃取等各种技术，是通过借助外界能量或化学位差为推动力，利用选择透过性的薄膜分离、提纯双组分或多组分体系的一种技术。具有能耗低、操作温度低、无相变、不改变体系的化学性质，结构简单、占地小、操作简便易于实现自动化、污染小等优点。

刘志昌等（2009）利用膜分离技术分离纯化白藜芦醇，以减少污染。虎杖苷液态发酵后浓缩，用60%的乙醇以1：8的料液比在常温下提取，过滤得到滤液，然后将滤液连续投入微滤膜装置中，收集其滤液，再将滤液投入超滤膜装置中，收集其滤液。微滤膜主要是截留脂肪、蛋白等一些大分子杂质。取一定量的滤液烘干，经HPLC检测，白藜芦醇的纯度达到为30.5%，白藜芦醇的纯度得到了提高。再将超滤膜的滤液进行浓缩，回收酒精，将浓缩液用石油醚萃取再结晶，此时白藜芦醇的纯度可以达到95%以上。而微滤膜和超滤膜经清洗后，膜通量恢复到原来的99%以上。整个过程无废水产生，能耗低，可降低生产成本，实现清洁生产的目的。

膜分离的操作过程都是在常温下进行，且分离过程主要通过物理作用，因此具有耗能低、操作简便、低污染等优点。

5. 柱层析法

柱层析法是一种以固体吸附剂为固定相，以有机溶剂或缓冲溶液为流动相的层析方法，该技术是利用物质的分子形状、大小、带电状态、溶解度、吸附能力、分子极性、及亲和力等理化性质的差别，使混合物中各组分逐步分离。根据物质分离机理的不同，柱层析可分为吸附柱层析、离子交换柱层析、凝胶柱层析、分配柱层析及电聚焦柱层析等多种类型（许政等，2013）。

曹扬（2015）在其硕士论文中是用硅胶柱层析和C_{18}填料柱层析结合的方法从虎杖中分离出单体化合物，并进行结构鉴定。用70%乙醇提取虎杖，得到虎杖总提物，再用环己烷-乙酸乙酯（2：1）及乙酸乙酯进行提取，得到环己烷-乙酸乙酯（2：1）、乙酸乙酯及乙酸乙酯不溶3个部分。3部分浓缩物上硅胶柱，分别用环己烷-乙酸乙酯-甲酸梯度、环己烷-乙酸乙酯-甲酸梯度洗脱，分部收集洗脱液，薄层层析跟踪监测。在经过反复硅胶色谱柱层析和C_{18}填料柱层析后，从虎杖总提物中分离纯化得到8个单体纯品化合物。

柱层析技术为目前较为普遍的分离方法，具有环保、节能、操作简便等特点，在中药有效成分分离纯化中具有很高的应用价值。

6. 双相水萃取法

双水相萃取是依据物质在两相间的选择性分配，但萃取体系的性质不同。当物质进入双水相体系后，由于表面性质、电荷作用和各种力（如疏水键、氢键和离子键等）的存在和环境的影响，使其在上、下相中的浓度不同。通过控制一定的条件，可以得到合适的分配系数，从而达到分离纯化之目的。

为避免有机溶剂萃取技术所产生大量毒性的有机溶剂，李梦青等（2006）应用双水相萃取技术提纯虎杖中的白藜芦醇，根据白藜芦醇在有机溶剂中的溶解性能，考虑环保的要求，实验选择乙醇盐水体系。而且白藜芦醇在酸性条件下呈分子态，相对稳定，在碱性条件下呈离子态，易变性失活，通过与氯仿有机萃取对比，发现以乙醇-硫酸铵溶液为双水相体系对虎杖提取液进行分离富集效果较好，萃取液中白藜芦醇含量可达 34.29%，其含量高出有机萃取的 5.81%。双水相系统是某些有机化合物或有机和之间无机盐，溶解在适当的浓度在水中形成一个非混相两相或多相水系统，该系统分离原理是基于物质在水相的选择性分配系统。

7. 各种联合技术

由于分离原理的限制或样本性质的特殊性，各种分离纯化技术在应用中总是存在着一些缺陷，目前就有学者通过使用不同技术的联用来扬长避短，联用技术可以保留各种技术的优势，使各种技术特点实现互补，起到事半功倍的效果。所以，其成为当今药物有效成分分离的一个重要的方法和发展趋势。

Chi et al.（2014）将大孔树脂技术与高速逆流色谱技术联合应用于毛脉蓼中白藜芦醇的纯化，首先将毛脉蓼提取液经乙酸乙酯萃取后的萃取液通过 AB-8 型大孔树脂进行纯化，收集水-乙醇（60：40）部分的洗脱液，再将洗脱液经高速逆流色谱进行下一步的纯化，以氯仿-正丁醇-甲醇-水（4：1：4：2）为溶剂系统，最终所得的白藜芦醇纯度高达 99.4%。

随着对中药虎杖的不断研究，其化学成分及其药理作用逐渐地被人们所了解，针对虎杖的开发也将进入了一个崭新的阶段。目前新技术的大规模的推广和利用还远远不够,分离提取方面针对虎杖的提取和分离组分的多样化,实现综合提取,这是增加虎杖商品附加值的有效途径,也是虎杖研发的重要方向。随着仪器技术的发展和材料科学的不断进步,虎杖中有效成分的提取分离技术以及相应的质控技术也将得到不断的更新和升级。

三、主要成分生产工艺

1. 白藜芦醇的生产工艺

虎杖中白藜芦醇的生产步骤主要包括原料的酶或微生物转化、有机溶剂萃取、结晶或柱层析纯化 3 步。酶解及微生物转化的目的在于提高白藜芦醇的产量,酶解后的产物通过乙醇、乙酸乙酯、乙酸丁酯等有机溶剂进行萃取;萃取后的粗提物通过树脂、硅胶或结晶的方式进行纯化,就能获得高纯度的白藜芦醇。

于华忠等(2011)提出了一种从虎杖中制备高纯度白藜芦醇的方法,将干燥虎杖粉碎并通过 80 目筛 ≥ 90%,在加水浸润后的虎杖粉中加入专用微生物,在 35~60 ℃下恒温发酵 12~30 h,然后加入低温酵母,使温度降低到 20~30 ℃,恒温发酵 30~48 h;然后经乙醇提取,提取液浓缩,浓缩液用乙酸乙酯或乙酸丁酯 1∶1 萃取;再将所得有机层进氧化铝层析柱,再用 80%~90% 乙醇洗脱,洗脱液浓缩至醇浓度为 40%~60% 进行结晶与重结晶,静置 5~8 h,然后过滤,重结晶,直至结晶颜色洁白为止。

(1)操作步骤

①干燥虎杖药材粉碎到通过 80 目筛 ≥ 90%。

②加水浸润虎杖粉,在浸润后的虎杖粉中加入专用微生物,置于温度控制在 35~60 ℃ 的容器内,恒温发酵 12~30 h,使白藜芦醇的类似物转化成虎杖苷或白藜芦醇,所述专用微生物为高温酵母+糖化酶(专用微生物∶虎杖=3∶100)。

③加入低温酵母,调节发酵的温度,使温度降低到 20~30 ℃,恒温发酵 30~48 h,使虎杖苷转化成白藜芦醇;(低温酵母的加入量

与虎杖的重量比为：低温酵母：虎杖＝1：100）。

④加入虎杖重量 4~5 倍的 80% 乙醇，提取 3 次，每次 1.5 h。

⑤将 3 次虎杖提取液浓缩回收乙醇至无醇味，浓缩液体积：虎杖重量＝2 L：1 kg。

⑥将浓缩液采用乙酸乙酯或乙酸丁酯 1：1 萃取 3 次，得有机层即含白藜芦醇层。

⑦将有机层进氧化铝层析柱，自有液体流出时开始分段收集，自流出红至黑色液体时更换氧化铝柱，待全部液体进完氧化铝柱以后，再用用 80%~90% 乙醇洗脱，至检测没有白藜芦醇时为止。

⑧将氧化铝柱上的洗脱液浓缩至醇浓度为 40%~60% 进行结晶与重结晶，静置 5~8 h，然后过滤，重结晶，直至结晶颜色洁白为止。

⑨将结晶低温真空干燥得成品，白藜芦醇≥99%。

（2）实施办法

①取干燥虎杖根 400 kg，粉碎到通过 80 目筛≥90%。

②转化：加水 320 kg 浸润虎杖粉；加入 4 kg 高温酵母＋8 kg 糖化酶至浸润后的虎杖粉中，搅拌均匀，置于温度控制在 55 ℃ 的容器内，恒温发酵 25 h。加入 4 kg 低温酵母，调节发酵的温度，使温度降低到 25 ℃，恒温发酵 40 h。

③乙醇提取：加入 80% 乙醇 2 000 L；提取 3 次，每次 1.5 h。

④浓缩与回收乙醇：将 3 次虎杖提取液浓缩回收乙醇至无醇味，即浓缩液体积为 200 L。

⑤萃取：加入乙酸乙酯 200 L 萃取 3 次，得乙酸乙酯层。

⑥层析：将乙酸乙酯层加入氧化铝层析柱，自有液体流出时开始分段收集，自流出红至黑色液体时更换氧化铝柱；待全部液体进完氧化铝柱以后，再用用 85% 乙醇洗脱，至检测没有白藜芦醇时为止。

⑦结晶与重结晶：将氧化铝柱上的洗脱液浓缩至醇浓度至 48% 进行结晶与重结晶，静置 5~8 h，然后过滤，重结晶，直至结晶颜色洁白为止。

⑧将结晶低温真空干燥得产品 3.215 kg，经检测白藜芦醇含量为 99.5%。

该方法将白藜芦醇的纯度提高到 99% 以上，将产品收率从
0.3%~0.5%提高到 0.8%以上，并将白藜芦醇产品的颜色做白且无
杂色，提高产品质量，并可缩短生产周期，提高生产效率。

2. 虎杖苷的生产工艺

虎杖苷为白藜芦醇糖基化后的产物，同样具有较高的生理活性和
药用价值，虎杖苷的生产和开发具有广阔的市场前景。胡灿华和李灵
玉（2014）提出了一种纯化虎杖苷的方法，将原料虎杖鲜根及根茎
干燥、粉碎后用乙醇进行温浸提取，提取液浓缩至原体积的 1/10 量；
浓缩液放冷至室温后滤除固体杂质；滤液通过中性氧化铝短粗柱，收
集上柱流出液，浓缩至无醇，放冷至室温析晶，抽滤得虎杖苷粗晶；
虎杖苷粗晶用适量乙醇析晶，结晶干燥即得产品。本工艺操作简便、
提取物纯度高。

（1）生产工艺

①将原料虎杖鲜根及根茎干燥、粉碎。

②将粉碎后的原料用乙醇进行温浸提取，提取液浓缩至原体积的
1/10 量。

③浓缩液放冷至室温后滤除固体杂质。

④滤液通过中性氧化铝短粗柱，以吸附方式去除杂质，收集上柱
流出液，浓缩至无醇，放冷至室温析晶，抽滤得虎杖苷粗晶。

⑤虎杖苷粗晶用适量乙醇加热溶解，加入活性炭脱色后过滤，滤
液冷却至室温析晶，结晶干燥即得产品。

步骤①中原料的水分含量为 28%～30%；原料颗粒的直径为
3 mm 以下。

步骤②中粉碎后的原料温侵提取时所用的乙醇的用量为原料 5 倍
量，浓度的值为 90%～95%，提取温度为 45～55 ℃；乙醇浓度的最佳
值为 95%，提取温度的最佳值为 50 ℃。

步骤④中的中性氧化铝的粒度为过 80 目筛，中性氧化铝柱的直
径：高度为 1：2～1：1.5。

步骤⑤中的乙醇的浓度为 40%；加热溶解的温度为 50 ℃；加入
的活性炭为虎杖苷粗晶量的 5%～15%（M/M），加入的活性炭的最佳

值为虎杖苷粗晶量的 10%（m/m）。

（2）实施办法

取鲜虎杖根晒干至水份含量为 30%，粉碎。称取 800 kg 投入多功能提取罐，加入 2 000 L 浓度为 95%（V/V）的乙醇，50 ℃下动态搅拌提取两次，每次用时 2 h。提取液浓缩至 400 L，放冷至室温后用 400 目滤布过滤，滤液通过直径：高度＝60 cm：90 cm 的中性氧化铝柱，以吸附方式去除杂质，收集上柱流出液，浓缩至无醇味后放冷至室温析晶，得到片状或粉末虎杖苷粗结晶 11.3 kg。将粗结晶以 200 L 浓度为 40%的乙醇（V/V）加热至 50 ℃，待完全溶解后加入 1.2 kg 活性碳脱色 30 min，抽滤，滤液放冷至室温析晶 4 h 后抽滤，干燥得白色细针状结晶 8.5 kg，HPLC 检测含量达到 99.2%。

3. 白藜芦醇、虎杖苷综合生产工艺

基于白藜芦醇和虎杖苷的理化性质差异，田婷（2014）开发了白藜芦醇和虎杖苷的联合提取工艺。该工艺方法以虎杖为原料，用乙醇回流提取，提取液浓缩后以大孔树脂进行吸附，解吸附后浓缩洗脱液喷雾至粉即得虎杖提取物，其中虎杖苷的重量含量为 30%～50%，白藜芦醇含量为 1%~5%。

技术方案：

（1）特征

虎杖原料中虎杖苷的含量是 0.1%~1%。其特征在于以虎杖为原料，用乙醇回流提取，提取液浓缩至小体积后冷藏，将上述浓缩液进行柱层析吸附分离，浓缩、干燥，得到粉末状的虎杖提取物，其中虎杖苷的含量为 30%~50%，白藜芦醇重量含量为 1%~5%。

（2）提取方法

以虎杖为原料从中提取虎杖苷及白藜芦醇的方法，具体步骤如下。

①前处理：将原料粉碎。

②提取：将粉碎后的原料置于原料重量 10~15 倍的 15%~75% 乙醇中提取 2 次，温度为 50~100 ℃。

③浓缩、过滤：将提取液浓缩、过滤。

④将步骤③的提取物用树脂进行吸附，用去离子水清洗树脂至流出液为无色，然后依次用10%~100%不同浓度的乙醇溶液分次进行洗脱分离，将所需组分减压浓缩喷雾至粉末状，其中虎杖苷的含量为30%~50%，白藜芦醇含量为1%~5%。

以上工艺所用的柱层析树脂选用型号为 AB-8、HP-20、D101、HZ816、XAD-2、XAD-4、XAD-16、DM-130、LSD-10、LSD-40、LSA-21、LSA-30、FU-02。

案例介绍：

（1）案例1

①前处理：将虎杖作为原料粉碎。

②提取：将粉碎后的原料置于原料重量15倍的15%乙醇中提取2次，温度为50 ℃。

③浓缩、过滤：将提取液浓缩、过滤。

④将③用 XAD-16 型号树脂进行吸附，用去离子水清洗树脂至流出液为无色，然后依次用10%醇、20%醇、40%醇、60%醇、100%不同浓度的乙醇溶液分次进行洗脱分离，将 20%醇部分减压浓缩喷雾至粉末状，其中虎杖苷的重量含量为 30%；将 60%醇部分减压浓缩喷雾至粉末状，白藜芦醇重量含量之和为 1%。

（2）案例2

①前处理：将虎杖根作为原料粉碎。

②提取：将破碎后的原料置于原料重量13倍的35%乙醇中提取2次，温度为70 ℃。

③浓缩、过滤：将提取液浓缩、过滤。

④将③用 AB-8 型号树脂进行吸附，用去离子水清洗树脂至流出液为无色，然后依次用10%醇、20%醇、40%醇、60%醇、100%不同浓度的乙醇溶液分次进行洗脱分离，将 40%醇部分减压浓缩喷雾至粉末状，其中虎杖苷的重量含量为 45%；将 20%醇部分减压浓缩喷雾至粉末状，白藜芦醇重量含量之和为 1.5%。

技术优势：

①本方案提取溶剂为低碳醇，而且其货源有充足的保障，不受季

节的影响可以持续化生产，节约成本，柱层析洗脱溶剂为醇，不至给成品带来任何无机物残留而涉及质量问题，因此此发明具有很高的经济效益和社会效益。

②本方案柱层析过程中用低碳醇梯度洗脱，不同的醇浓度洗脱分离，可得到不同的虎杖苷的重量含量。

4. 白藜芦醇、虎杖苷及大黄素综合生产工艺

虎杖中除了白藜芦醇、虎杖苷，还含有重要的活性物质大黄素。将虎杖中重要活性成分综合开发利用可降低产品生产成本，是提高虎杖资源利用率的有效方式。周晓燕和马雪飞（2011）设计了综合提取虎杖中大黄素、虎杖苷及白藜芦醇的方法。虎杖根粉碎，放入酶溶液，抽真空，维持真空，破坏真空，保温；药材用乙醇提取，提取液制为浓缩液，调节 pH 值，沉淀，过滤，得白藜芦醇粗品和过滤液；将白藜芦醇粗品用乙醇溶解，经吸附洗脱，浓缩，沉淀，过滤，沉淀溶解，过滤，溶液回收乙酸乙酯，沉淀，过滤，干燥为白藜芦醇精品。过滤液调 pH 值，沉淀，过滤得大黄素粗品及过滤液；大黄素粗品用碱水溶解，吸附洗脱，调 pH 值，沉淀，过滤，干燥，加热回流溶解，过滤，回收乙酸乙酯，沉淀，干燥得大黄素精品。过滤液经吸附洗脱，浓缩，沉淀，过滤，干燥得虎杖苷粗品；虎杖苷粗品干燥，溶解，过滤，溶液回收乙酸乙酯，沉淀，沉淀物过滤，干燥得虎杖苷精品。

（1）生产工艺

①将虎杖药材粉碎至粒径小于 5 mm。

②用酶和清水配制酶溶液。

③药材放入容器，加入药材 2~4 倍量（m/V）酶溶液，搅拌均匀。

④酶解：容器内抽真空，当真空度抽至 0.5~0.8MPa，关闭真空阀，维持真空 1~5 s，立刻打开放空破坏真空，反复操作 3~5 次，50 ℃保温至少 2 h。

⑤提取白藜芦醇粗品：酶解后的药材用浓度 70%的乙醇 3~5 倍量（m/V），70 ℃保温提取至少 2 次、过滤后合并提取液，真空度

0.08MPa 减压回收乙醇，得浓缩液，调节浓缩液 pH 值至 9~10，静置沉淀至少 7 h，将沉淀物用滤布过滤，滤饼为白藜芦醇粗品滤布下为过滤液。

⑥制白藜芦醇精品：将步骤⑤得到的白藜芦醇粗品用浓度为 50% 的乙醇至少 3 倍量（m/V）溶解，经大孔树脂吸附洗脱后，洗脱液经浓缩至 1 倍体积时，静置沉淀至少 8 h，将沉淀物用滤布过滤，滤布上的沉淀物用 3 倍量（m/V）的乙酸乙酯加热回流溶解，溶液经滤布过滤，将溶液常压回收乙酸乙酯至 1 倍量时，静置沉淀不少于 8 h，将沉淀物用滤布过滤，干燥 1~2 h 后即为白藜芦醇精品。

⑦提取大黄素粗品：将步骤⑤得到的过滤液调 pH 值至 2~3，静置沉淀至少 8 h，将沉淀物用滤布过滤得大黄素粗品及过滤液。

⑧制大黄素精品：将步骤⑦得到的大黄素粗品用 pH 值至 9~10 的碱水溶解，经大孔树脂吸附洗脱，将洗脱液调 pH 值至 2~3，静置沉淀 8 h 将沉淀用滤布过滤，将沉淀干燥，用 3 倍（W/V）乙酸乙酯加热回流溶解，经滤布过滤后将溶液常压回收乙酸乙酯，静置沉淀不少于 8 h 以上将沉淀用滤布过滤，干燥 2 h 后得大黄素精品。

⑨提取虎杖苷粗品：将步骤⑦最后得到的过滤液经大孔树脂吸附洗脱，洗脱液经浓缩后静置沉淀至少 8 h，沉淀物用滤布过滤，干燥至少 2 h 后得虎杖苷粗品。

⑩制虎杖苷精品：将步骤⑨得到的虎杖苷粗品干燥，用 3 倍乙酸乙酯加热回流溶解为溶液，滤布过滤，溶液常压回收乙酸乙酯，静置沉淀不少于 8 h，沉淀物用滤布过滤，干燥 3 h 后得虎杖苷精品。

所述的步骤②中酶溶液浓度为 0.01%~2% 的，其中的酶为果胶酶、淀粉酶、纤维素酶、大豆苷酶或复合纤维素酶之一种。

所述步骤⑥、⑧、⑨和⑩中的干燥为 50 ℃真空干燥。

（2）实施方法

①将合格的虎杖药材 100 g 粉碎。

②用清水 300 mL 与选择的酶配制成酶溶液。

③药材放入 2 000 mL 圆底烧瓶中，加入酶溶液，搅拌均匀。

④酶解：烧瓶内抽真空至要求，关闭真空阀，保持真空 1~5 s，

立刻打开放空破坏真空，反复操作 3~5 次，50 ℃ 保温 2~3 h。

⑤提取白藜芦醇粗品：酶解后的药材加入浓度 70% 的乙醇，乙醇量为酶解后的药材（m/V）3~5 倍量，70 ℃ 保温提取，过滤后合并提取液，真空度 0.8Mpa 减压回收乙醇，得浓缩液，调节浓缩液的 pH 值，静置沉淀，将沉淀物用滤布过滤，滤布上为白藜芦醇粗品，滤布下为过滤液。

⑥制白藜芦醇精品：将步骤⑤得到的白藜芦醇粗品用浓度为 50% 的乙醇溶解，乙醇为白藜芦醇粗品的（m/V）3 倍量，经大孔树脂吸附洗脱后，洗脱液经浓缩至 1 倍体积，静置沉淀，将沉淀物用滤布过滤，滤布上的沉淀物后用（m/V）3 倍量的乙酸乙酯加热回流溶解，溶液经滤布过滤，去除机械杂质，将过滤后的溶液常压回收乙酸乙酯至 1 倍量，静置沉淀至少 8 h，将沉淀物用滤布过滤，50 ℃ 真空干燥至少 2 h 后为白藜芦醇精品，高效液相色谱（HPLC）检测含量。

⑦提取大黄素粗品：将步骤⑤得到的过滤液调 pH 值至 2~3，静置沉淀至少 8 h，将沉淀物用滤布过滤，得大黄素粗品及过滤液。

⑧制大黄素精品：将步骤⑦得到的大黄素粗品用 pH 值至 9~10 的碱水溶解，经大孔树脂吸附洗脱，将洗脱液调 pH 值至 2~3，静置沉淀 8 h 将沉淀用滤布过滤，将沉淀干燥，用（m/V）3 倍量乙酸乙酯加热回流溶解，经滤布过滤去除机械杂质，将溶液常压回收乙酸乙酯，静置沉淀至少 8 h 将沉淀用滤布过滤，干燥，得大黄素精品，用高效液相色谱（HPLC）检测含量。

⑨提取虎杖苷粗品：将步骤⑦最后得到的过滤液经大孔树脂吸附洗脱，洗脱液经浓缩后静置沉淀至少 8 h，沉淀物用滤布过滤，干燥后得虎杖苷粗品。

⑩制虎杖苷精品：将步骤⑨得到的虎杖苷粗品干燥，用（m/V）3 倍乙酸乙酯加热回流溶解为溶液，滤布过滤，溶液常压回收乙酸乙酯，静置沉淀至少 8 h，沉淀物用滤布过滤，干燥得虎杖苷精品。

该工艺充分利用资源，可同时提取出大黄素、虎杖苷及白藜芦醇 3 个有效成分，使虎杖中的大黄素等高附加值成分得到有效利用。

第五章　虎杖药用价值与利用

第一节　传统价值与利用

一、中医药典籍中虎杖的价值

虎杖是我国传统中药材，已有悠久的药用历史。虎杖具有极高的药用价值，在多部中医药典籍中均对其有相关记载。由于收载的古籍不同，名称各异，据不完全统计，古籍中记载的虎杖名称有 35 种之多。见表 5-1。

表 5-1　历代文献记载虎杖名称

记载名称	记载文献	记载名称	记载文献
苓	《诗经》	酸溜根	分类草药性
蘦（líng，通"零"）	《尔雅》	土地榆	分类草药性
大苦	《尔雅》	酸通	天宝本草
蒤（tú，音涂）	《尔雅》	雄黄连	天宝本草
大虫杖	《本草拾遗》	端阳	植物名汇
虎杖叶	《本草拾遗》	干烟	植物名汇
酸杖	《日华子本草》	刚药台	植物名汇
班杖	《日华子本草》	高粱笋子	植物名汇
攀倒甑	《救荒本草》	武杖	新华本草纲要

（续表）

记载名称	记载文献	记载名称	记载文献
酸桶笋	《救荒本草》	枯杖	新华本草纲要
斑庄根	《滇南本草》	绀着	新华本草纲要
红药子	《本草纲目》	甘除根	新华本草纲要
鸟不踏	《医林纂要》	醋筒草	新华本草纲要
酸根	《植物名实图考》	酸桶草	新华本草纲要
斑根	《植物名实图考》	赤药	诗草木今释
黄药子	《植物名实图考》	金阳草	诗草木金释
杜牛膝	《本事方》	火烧连	草木便方
红贯脚	《陆川本草》		

西汉刘向编撰的《别录》中记述虎杖"主通利月水，破留血症结"。唐朝甄权所著的《药性论》有虎杖"治大热烦躁，止渴，利小便，压一切热毒"的记载。唐朝的陈藏器撰写的《本草拾遗》记载虎杖"主风在骨节间及血瘀，煮汁作酒服之"。五代时期的《日华子本草》收录的虎杖功效有"治产后恶血不下，心腹胀满。排脓，主疮疖痈毒，妇人血晕，扑损瘀血，破风毒结气"。滇医兰茂于明朝洪武年间完成《滇南本草》，认为虎杖"攻诸肿毒，止咽喉疼痛，利小便，走经络。治五淋白浊，痔漏，疮痈，妇人赤白带下"。明朝李时珍的著作《本草纲目》中记载虎杖主治"小便淋、月经不通、腹内突长结块、气奔怪病"等。清朝汪绂集诸家医书分类编辑而成《医林纂要》，认为虎杖"坚肾，强阳益精，壮筋骨，增气力。敷跌伤折损处，可续筋接骨"。1958年出版的《贵州民间方药集》是一部本草类中医著作，书中记载虎杖具有"收敛止血，治痔瘘，祛风湿，发表散寒，散瘀血，外用治火伤"的功效；《中医药实验研究》："治实火牙痛，湿疮烂腿，脚趾歧湿烂。"

近年来，我国又对中医药本草开展了多次深入详尽的整理汇编，具有代表性的有《中华本草》《中药大辞典》和《中国药典》等中医药著作。《中华本草》由国家中医药管理局编写，由上海科学技术出版社出版，其中对虎杖的功能记录为"活血散瘀；祛风通络；清热利湿；解毒。主妇女经闭；痛经；产后恶露不下；症瘕积聚；跌扑损伤；风湿痹痛；湿热黄疸；淋浊带下；疮疡肿毒；毒蛇咬伤；水火烫伤"。南京中医药大学在 2006 年出版的《中药大辞典》对虎杖的功能主治进行了总结，即："祛风，利湿，破瘀，通经。治风湿筋骨疼痛，湿热黄疸，淋浊带下，妇女经闭，产后恶露不下，症瘕积聚，痔漏下血。跌扑损伤，烫伤，恶疮癣疾。"2015 年国家药典委员会编辑并颁布的《中国药典》，汇总概括虎杖的功能主治为："祛风利湿，散瘀定痛，止咳化痰。用于关节痹痛，湿热黄疸，经闭，症瘕，水火烫伤，跌扑损伤，痛肿疮毒，咳嗽痰多。"

二、中医药典籍中虎杖相关配伍

治月经闭不通，结瘕，腹大如瓮，短气欲死：虎杖根百斤（去头去土，曝干，切）、土瓜根、牛膝各取汁二斗。上三味，以水一斛，浸虎杖根一宿，明日煎取二斗，内土瓜、牛膝汁，搅令调匀，煎令如饧。每以酒服一合，日再夜一。宿血当下，若病去，止服。

（《千金方》）

治腹内积聚，虚胀雷鸣，四肢沉重，月经不通，亦治丈夫病：高地虎杖根细切二斛，以水二石五斗，煮取一大斗半，去滓，澄滤令净，取好淳酒五升和煎，令如饧。每服一合，消息为度，不知，则加之。

（《千金方》虎杖煎）

治伤折，血瘀不散：虎杖（锉）二两，赤芍药（锉）50 g。上二味，捣罗为散。每服三钱匕，温酒调下，不拘时候。

（《圣济总录》虎杖散）

时疫流毒攻手足，肿痛欲断：用虎杖根锉，煮汁渍之。

（《补缺肘后方》）

月水不利：虎杖三两，凌霄花、没药一两。为末。热酒每服一钱。又方：治月经不通，腹大如瓮，气短欲死：虎杖 500 g（去头曝干，切），土瓜根汁、牛膝汁二斗。水一斛，浸虎杖一宿，煎取二斗，入二汁，同煎如饧。每酒服一合，日再夜一，宿血当下。

（《圣惠方》）

气奔怪病：用虎杖、人参、青盐、细辛各 50 g，加水煎作一服饮尽。

（《本草纲目》）

治产后瘀血血痛，及坠扑昏闷：虎杖根，研末，酒服。

（《本草纲目》）

治急性黄疸型传染性肝炎：虎杖 30 g，鸡眼草 60 g。每日 1 剂。

（《全国中草药资料选编》）

治湿热黄疸：虎杖、金钱草、板蓝根各 30 g。水煎服。

（《四川中药志》1982 年）

治痔疮出血：虎杖、银花、槐花各 9 g。水煎服。

（《四川中药志》1982 年）

治皮肤湿疹：虎杖、算盘子根各 24 g，水煎服。

（《福建药物志》）

治筋骨痹痛，手足麻木，战摇，痿软：用虎杖（斑庄根）50 g，除风湿，活血脉，伍川牛漆、川茄皮、防风、桂枝、木瓜各 25 g，温通经脉，除痹通络。烧酒 1 500 g 泡服。

（《滇南本草》斑庄通脉汤）

治白虎风，血脉结滞，骨髓疼痛，发作无时：用虎杖为君，活血通脉，伍以桂心、当归、赤芍药、天雄、桃仁、川芎、枳实、羌活、防风、秦艽、木香温经散寒，祛风除湿，理气活血。

（《太平圣惠方》虎杖散）

治红白痢疾：虎杖清热利湿活血，又治热毒痢疾。用虎杖（酸杆汤）伍以红茶、何首乌、天青地白清热解毒，理气活血。

（《贵阳民间草药》酸杆红茶）

治痈肿疼痛：酸汤秆、土大黄为末。调浓茶外敷。

（《贵阳民间药草》）

治胆囊结石：虎杖 50 g，煎服；如兼黄疸可配合连钱草等煎服。

（《上海常用中草药》）

治五淋：苦杖不计多少，为末，每服 10 g，用饭饮下，不拘时候。

（《姚僧坦集验方》）

治肠痔下血：虎杖根，洗去皴皮，锉焙，捣筛，蜜丸如赤豆，陈米饮下。

（《本草图经》）

治诸恶疮：虎杖根，烧灰贴。

（《本草图经》）

利湿退黄（湿热黄疸，淋浊，带下病）用治湿热黄疸、淋浊、带下病：用治湿热黄疸时，可单味水煎，亦可配伍茵陈、栀子等同用；若湿热蕴结膀胱之小便涩痛、淋浊、带下病，亦可单用或与车前子、萆薢等配伍为用。

（引自药素网，http：//zyc.yaosuce.com/changshi/3550641584947-712592.html）

清热解毒（水火烫伤，痈肿疮毒，毒蛇咬伤）：用治水火烫伤，可单用研末，香油调敷，或与地榆、冰片共研细末，调油贴敷患处；用治痈肿疮毒，单用本品煎汤外洗即可；若为毒蛇咬伤，可取鲜品适量捣烂外敷，亦可煎浓汤内服。

（引自药素网，http：//zyc.yaosuce.com/changshi/3550641584947-712592.html）

活血化瘀（经闭，癥瘕，跌打损伤）用治瘀血所致的经闭、痛经：常配伍桃仁、红花、丹参、川芎等同用；若癥瘕积聚，可与三棱、莪术等或牛膝、土瓜根配伍为用；用治跌打损伤，每与乳香、没药、当归、三七等同用。

（引自药素网，http：//zyc.yaosuce.com/changshi/3550641584947-712592.html）

化痰止咳（肺热咳嗽）用治肺热咳嗽：可单味水煎服；或配伍贝母、杏仁等同用。

（引自药素网，http://zyc.yaosuce.com/changshi/3550641584947-712592.html）

湿热蕴结膀胱所致的小便涩痛不利，淋浊带下者，配伍滑石、木通等；淋证者，配伍萹蓄、瞿麦、地肤子等。

（引自养生之家网，https://www.ys991.com/zhongyi/cy/9354.html）

风湿筋骨疼痛本品辛以祛风散风，用于风湿痹痛：可单用本品煎水内服以祛风湿亦可配伍防风、防己、秦艽、桑枝等。

（引自养生之家网，https://www.ys991.com/zhongyi/cy/9354.html）

肺热咳嗽本品苦能降泄，寒以清热，味辛能散，有清热化痰止咳之功。用于肺热咳嗽气喘痰多黄稠，可单用本品以化痰止咳，亦可配伍浙贝，黄芩、杏仁、枇杷叶。

（引自养生之家网，https://www.ys991.com/zhongyi/cy/9354.html）

治疮疡肿毒：虎杖凉血解毒、活血消肿，金银花清热解毒，二药合用，有清热解毒、活血消肿、凉血止痛之功效。

（引自养生之家网，https://www.ys991.com/zhongyi/cy/9354.html）

第二节　主要化学成分及其利用

一、白藜芦醇

虎杖作为一种具有重要价值的中草药，最令人关注的是它含有一种神奇的物质——白藜芦醇（resveratrol）。白藜芦醇又名芪三酚，是植物中含有的一种天然酚类化合物，因具有二苯乙烯母核，又称芪类化合物（stilbene）。常温下为白色针状结晶。化学名称为3，5，4′-三羟基二苯乙烯（3，5，4′-trihydroxysitlbene），分子式为 $C_{14}H_{12}O_3$，分子量228.25，溶点253~255℃，261℃即升华。白藜芦醇难溶于水，易溶于甲醇、乙醇、丙酮等有机溶剂。在植物体内白藜芦醇能够与葡萄糖结合形成白藜芦醇苷，两者均具有生物活性；白藜芦醇存在顺式和反式两种异构体（图5-1，彩图16），所以白藜芦醇以顺反式白藜芦醇和顺反式白藜芦醇苷4种不同形式存在于植物中，其中反式异构体的生理活性较强。由于白藜芦醇具有抗菌、抗病毒和抗真菌活性，具有预防和治疗多种疾病（如癌症、心血管疾病、高血压、炎症、神经退行性疾病、代谢性疾病、风湿性疾病和与衰老相关的疾病）的医药价值和广阔的应用前景而引起了全世界的关注（Theodotou，2017；Nguyen，2017；Kursvietiene，2016；Bostanghadiri，2017）。白藜芦醇作为一种植物源性酚类次生代谢产物，在植物保护和医药等多方面具有很高的应用前景。

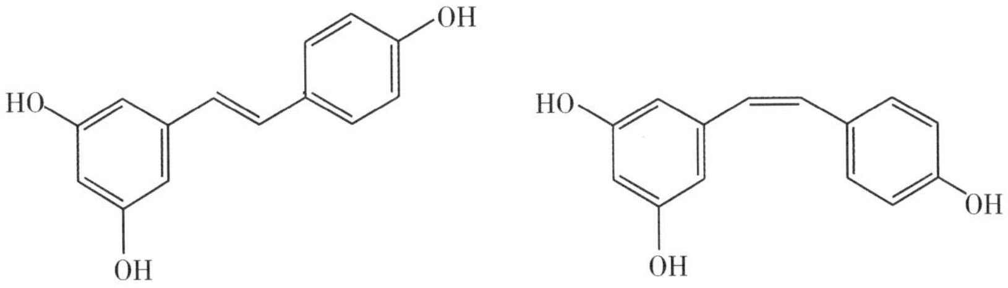

图 5-1　白藜芦醇

（左：反式白藜芦醇；右：顺式白藜芦醇）

1. 养生保健

白藜芦醇的抗氧化和抗自由基作用可保护动物细胞。作为直接抗氧化剂，白藜芦醇可清除多种活性氧，保护细胞生物分子免受氧化损伤，对人类的遗传物质核酸的损伤具有良好的修复作用（路萍，2004）。白藜芦醇能增强各种抗氧化防御酶的表达，如过氧化氢酶和超氧化物歧化酶，以维持细胞氧化还原平衡（Truong，2018；Thiel，2017）。

白藜芦醇有保护心血管的作用。1989年，世界卫生组织（WHO）关于心血管疾病调查结果发现，法国人喜爱的葡萄酒内白藜芦醇含量高，所以法国人冠心病、高血脂等心血管疾病的发病率低于其他饮食结构类似的人群。白藜芦醇通过影响脂类代谢和血小板凝聚从而达到对心血管系统的保护并预防心血管疾病，降低血小板凝聚和血栓的形成有利于防止心血管疾病的发生（赵霞，1998）。此外，它能抑制总胆固醇和甘油三酯在肝脏中的积累和血管细胞内组织因子（TF）的异常表达。白藜芦醇在动物体内还有延缓衰老的功效（Wood，2004）。

2. 预防和治疗疾病

白藜芦醇不但可以有效预防心血管疾病的发生，还可以用于治疗心血管疾病，而且对肝脏也有一定的保护作用。白藜芦醇对葡萄球菌、金黄色葡萄球菌等具有明显的抑制作用（Hain，1993），在医疗方面使用白藜芦醇抑制病原体方面也取得了明显效果（Rauf，2017）。研究表明，白藜芦醇可以用于癌症治疗，因为它能高效的降低环氧合酶（COX）的氧化活性，对癌症发生的 3 个阶段均有抑制作用（李先宽，2016）。有实验证明，白藜芦醇对磷酸酰肌醇三激酶/丝氨酸激酶（PI3K/AKT）信号通路有调节作用，从而抑制皮肤癌的发生（Roy，2009）；白藜芦醇可能用于治疗肾细胞癌（Kabel，2018）。白藜芦醇能够促进胰岛素的分泌，从而对糖尿病的治疗有一定的促进作用（Sun，2007）。白藜芦醇还可有效抑制流感病毒（Palamara，2005）。

目前，鉴于白藜芦醇抗菌、抗癌、抗氧化、抗衰老、降血脂等多种功效，人们已经在生物学、医学方面都有了大量的研究。东明格鲁斯生物科技有限公司实现规模化生产虎杖提取高纯度白藜芦醇产品；市场上出现白藜芦醇口服液、胶囊等，例如"纳贝益生胶囊""天狮活力康胶囊"等白藜芦醇产品。

3. 饲料添加剂

白藜芦醇有抵抗自由基和增强机体内的抗氧化系统的功能，因此逐渐作为饲料添加剂应用于动物饲料中，能够明显改善饲料转化率，增强了仔猪对沙门氏菌和大肠杆菌的防护作用，降低饲料中抗生素的使用，提高猪的抗病性和猪肉品质（李岩利，2020）。在牛羊等反刍动物饲料中添加白藜芦醇可以改善生产性能，提高养分利用率（张相伦，2019）。家禽饲粮中添加白藜芦醇可增强家禽免疫力、改善畜产品品质（刘事奇，2019）。白藜芦醇添加到鱼类饲料中，可以改善鱼肠道绒毛发育，提高肠道抗氧化能力，保护肠道健康，提高鱼类的生长速度（马玉静，2019）。

4. 食品保鲜与预防农作物病害

白藜芦醇本来是植物抵御外界不良环境的一种植保素，积累白藜芦醇可提高植物对生物或非生物胁迫的抵抗力，尤其是对真菌感染（Dubrovina，2017）。白藜芦醇的2′-羟基化衍生物可以抑制鲜切马铃薯切面褐变，较好地保持马铃薯的品质，延长货架期，在鲜切果蔬的清洗防腐中有广阔的应用前景（孟祥春，2018）。用含有少量白藜芦醇的溶液处理番茄、葡萄、苹果、鳄梨和辣椒，发现腐烂情况减少，货架寿命有所延长（吴翠霞，2010）。白藜芦醇可以用于制作植物源杀菌剂，可以防治瓜、果、蔬菜及经济作物上的灰霉病、炭疽病、霜霉病、疫霉病、褐腐病等农业病害（李威，2015）。

5. 化妆品

白藜芦醇已列入《国际化妆品原料标准中文名称目录》，目前国内外有大量白藜芦醇应用于化妆品的专利。白藜芦醇具有抗炎、杀菌和保湿作用，适合祛除皮肤粉刺、疱疹、皱纹等，可用于保湿、晚霜、润肤类化妆品（张裕杭，2019）。

6. 功能食品

白藜芦醇具有抗疲劳作用，有可能成为一种新的功能性食品或营养补剂应用在运动营养领域（郭瑞，2018）。白藜芦醇还可以加入各种酒中制作成保健功能酒品（王立男，2007）。

7. 产业化前景

白藜芦醇的主要来源包括植物提取、生物反应器合成、化工合成等方法。虎杖是自然界中白藜芦醇含量最高的植物之一，也是提取白藜芦醇的重要原材料。白藜芦醇在虎杖的根茎部特异性积累，根茎部的含量远大于叶片和茎，是提取白藜芦醇的首选部位。由于虎杖开发远远落后于市场需求，白藜芦醇在其他大多数能够产生芪类化合物的植物中含量远低于虎杖，化工合成白藜芦醇存在环境污染和食品安全问题，因此生物合成成为生产白藜芦醇的一个研究热点。人们利用虎杖等植物的白藜芦醇合成的相关基因来改造其他生物以提高白藜芦醇产量，目前虎杖基因已成功用于改造原核生物，酵母和植物的代谢途径，有产业化大规模生产白藜芦醇的巨大潜力。工程微生物能够大量提高白藜芦醇的生产能力，例如大肠杆菌（>100 mg/L 产量）和酿酒酵母（>500 mg/L 产量）。一些学者应用虎杖等植物 *STS* 基因转入其他植物，也能够使本来不能产生白藜芦醇的植物开始积累该物质，并且白藜芦醇在植物中有较高的鲜重含量，如苜蓿（15 μg/g）、番茄（8.7 μg/g），葡萄（2.586 μg/g），红枣（0.45 μg/g），水稻（0.697 μg/g），地黄（2.0 μg/g）。如果将 4-香豆酰 CoA 连接酶和芪合酶融合后转入微生物、低等植物和高等植物中都能更显著地提高白藜芦醇的含量（He，2018；Guo，2017；Xiang，2020），例如转入融合基因的烟草从不含白藜芦醇转变为显著积累（21.05 μg/g）。此外，许多研究表明补充合成白藜芦醇的前体物质对白藜芦醇的积累起着重要作用，外源性补充香豆酸和肉桂酸可能会促进参与白藜芦醇合成的酶的基因表达，因此对白藜芦醇产量有积极影响（Tyunin，2018）。总之，虎杖基因资源在植物保护和中医药产业化生产方面发展前景可观。

二、大黄素

大黄素（图 5-2，彩图 16）是虎杖中重要的蒽醌类物质，为橙黄色长针状结晶，熔点 256~257 ℃，大黄素除游离存在外，或以还原状态（如蒽酚、蒽酮的衍生物）或与糖结合成苷类存在，主要分布在虎杖根、茎中，虎杖中大黄素的含量随月份会发生变化，8 月时根中大黄素含量最高达 1.35%。大黄素具有多种生物活性和临床效果，苗培福等（2019）分析了 2018 年 1—12 月期间乌海市蒙中医院治疗的各类疾病患者 116 例，研究大黄的临床应用效果，以随机原则分成 2 组，观察组和对照组，每组 58 例。2 组患者均根据其具体的疾病给予常规西医治疗，观察组在此基础上联合应用大黄进行治疗，根据患者具体疾病情况选择适宜的大黄类中药进行治疗。通过总结分析发现大黄具有致泻、止血、调节机体免疫力、抗病毒等药理作用，将其应用到临床治疗中能够显著提高患者的治疗效果，促进患者快速康复，尤其是在肠梗阻、急性胰腺炎、肾病和皮肤病中的应用具有显著的临床作用。

1. 调节脂代谢作用

刘钰瑜等（2007）观察不同浓度大黄素对泼尼松致大鼠脂代谢异常的预防作用。对 3 月龄大鼠给予泼尼松和不同浓度的大黄素 90 d，观察血清生化指标、器官指数和骨髓基质细胞体外的成脂能力。结果给予泼尼松和不同浓度的大黄素 90 d 后大鼠高密度脂蛋白胆固醇降低，骨髓基质细胞体外成脂能力增强。

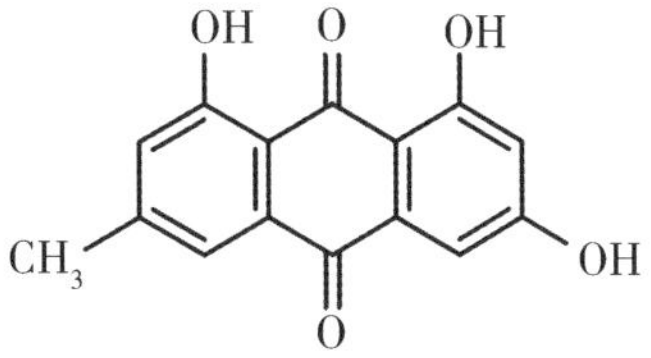

图 5-2　大黄素化学结构式

大黄素 90 mg/（kg·d）和大黄素 270 mg/（kg·d）可升高高密度脂蛋白胆固醇和骨髓基质细胞体外成脂能力。结论是大黄素对泼尼松引起的脂代谢异常有预防作用。

2. 促进肿瘤细胞凋亡

大黄素具有抑制肿瘤细胞生长的效果。张昊悦等（2020）研究了大黄素促进人结肠癌细胞 HCT116 细胞凋亡的作用及其分子机制。发现不同浓度的大黄素抑制 HCT116 细胞的活力，并且具有浓度依赖性，大黄素将 HCT116 细胞周期阻滞在 G0/G1 期，并且能够明显诱导 ROS 的产生，蛋白质印迹法（Western blot）结果显示大黄素能够引起 Bax/Bcl-2 表达的上调，p-ERK1/2 和 c-Myc 表达的降低，推测大黄素可以通过上调 Bax/Bcl-2，下调 c-Myc 和 p-ERK/ERK 的表达从而促进结肠癌细胞的凋亡，阻滞细胞周期和增加 ROS 的产生。王万晨等（2020）研究显示大黄素可抑制黑素瘤细胞 B16F10 细胞的迁移能力，其机制可能与大黄素调控 NLRP3 炎症小体相关蛋白有关。韩荣龙等（2019）研究了大黄素对胃癌细胞增殖、凋亡及 ERK1/2-PKM2/P53 通路的影响。研究结果表明大黄素可能通过抑制 ERK1/2-PKM2 通路诱导 P53 高表达从而抑制胃癌细胞的增殖及迁徙，促进胃癌细胞的凋亡。

3. 保护神经细胞

大黄素具有神经细胞保护作用，欧阳龙强等（2020）研究了大黄素对小鼠癫痫持续状态后 Toll 样受体 4（TLR4）-髓样分化因子 88（My D88）-核因子 κB（NF-κB）炎性信号通路表达的影响，探讨大黄素对海人酸致痫小鼠海马神经细胞保护作用的机制。结果显示大黄素干预后小鼠癫痫的发作级别及发作次数降低；海马组织神经细胞的坏死减轻；同时海马组织中 TLR4、My D88、NF-κB mRNA 和蛋白的表达下调。推测大黄素对海人藻酸致痫小鼠海马神经细胞保护作用的机制可能与其抑制 TLR4-My D88-NF-κB 炎性信号通路表达有关。

4. 保护糖尿病肾功能

赵良瑞和李进冬（2020）等利用链脲佐菌素诱导大鼠糖尿病模型，观察大黄素对糖尿病大鼠肾功能的影响。以雄性 SD 大鼠作为正常对照组，链脲佐菌素（60 mg/kg 一次性腹腔注射）诱导糖尿病后为造模组、大黄素低剂量灌胃组 [L，20 mg/（kg·d）]、大黄素高剂量灌胃组 [H，40 mg/（kg·d）]。8 周后收集大鼠 24 h 尿液，计算肾重指数，测定 24 h 尿蛋白总量，测定大鼠空腹血糖，结果表明大黄素可通过降低糖尿病大鼠肾重指数、24 h 尿蛋白、血清肌酐、尿素氮，从而改善大鼠糖尿病肾病进程。

5. 缓解炎症反应

蔡为为等（2020）分析了大黄素对哮喘小鼠炎症反应及对肺组织中 NOD 样受体蛋白结构域相关蛋白 3（NODlike receptor pyrin domain containing 3，NLRP3）、凋亡相关微粒蛋白（apoptosis - associated speck - like protein containing CARD，ASC）和胱冬肽 - 1

（caspase-1）表达的影响。结果显示，哮喘组小鼠肺组织 NLRP3、ASC 和 caspase-1 的蛋白表达显著高于对照组（$P<0.01$），大黄素可通过抑制 NLRP3 炎性小体活化减轻哮喘小鼠的炎症反应。

6. 抗前列腺增生活性

王虹等（2020）研究发现虎杖中游离蒽醌可显著降低前列腺增生模型小鼠的前列腺系数，而结合蒽醌无此作用；大黄素降低前列腺系数的效果明显，大黄酸和大黄素甲醚无此作用。

三、虎杖苷

虎杖苷（图5-3）是蓼科植物虎杖中重要的芪类有机化合物，也是虎杖发挥药理作用的主要成分，具有抗血栓、抗肿瘤、抗炎、清除自由基、降低肺纤维化进程等丰富的药理活性。

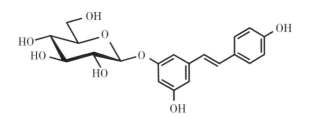

图5-3 虎杖苷化学结构式

1. 虎杖苷修复脂多糖诱发的肺泡上皮细胞损伤

邓加雄等（2019）研究了虎杖苷修复脂多糖介导的线粒体功能障碍。急性肺损伤为常见的临床危重症，治疗该疾病的药物匮乏，该疾病的死亡率较高。因此亟待开发具有缓解急性肺损伤的有效药物。研究发现虎杖苷能够显著改善脂多糖介导的肺泡上皮线粒体损伤。通过检测了细胞内氧自由基水平，发现虎杖苷同样可以抑制脂多糖介导的自由基生成，证明虎杖苷可以显著改善脂多糖介导的肺泡上皮细胞线粒体功能障碍。

2. 虎杖苷抗肺部组织纤维化

百草枯具有很强的毒性，能诱发动物肺组织不可逆的弥漫性纤维化，最终导致患者因呼吸衰竭而死亡。张新彧等（2018）研究表明虎杖苷具有抗百草枯中毒肺纤维化作用，药理研究表明虎杖苷治疗百草枯中毒肺纤维化主要通过调控抗氧化应激、调节细胞因子网络调控失衡以及抗基质金属蛋白酶（MMPs）／金属蛋白酶组织抑制因子（TIMPs）的失衡来保护肺部细胞。

3. 虎杖苷改善类风湿关节炎大鼠症状

曾家顺等（2018）研究了虎杖苷对类风湿关节炎大鼠模型的治疗作用并分析了其可能作用机制。利用完全弗氏佐剂注射大鼠右后足趾制备类风湿关节炎模型，分别给予不同剂量的虎杖苷混悬液灌胃，每日1次，观察大鼠踝关节的病理学变化，造模后第28 d，对大鼠关节炎评分和足爪肿胀情况进行评估。结果表明虎杖苷可显著改善类风湿关节炎大鼠关节腔炎症状态，降低血清中 TNF-α 及 IL-1β 水平及关节滑膜组织中中的 Wnt4、GSK-3β、β-catenin 的表达，推测虎杖苷可抑制 Wnt/β-catenin 信号通路的激活改善关节炎症状态。

4. 抗血栓作用

陈鹏等（2006）研究了虎杖苷的抗血栓效果。方法分别采用小鼠尾静脉注射花生四烯酸方法、电刺激大鼠颈动脉血栓形成方法和结扎大鼠下腔静脉方法构建血栓模型，并观察虎杖苷的抗血栓形成作用，发现虎杖苷在3种血栓模型上均显示出明显的抗血栓形成作用，具有明显的剂量—效应关系，研究结果表明虎杖苷对动、静脉和微循环血栓形成有显著的对抗作用。

5. 降血脂作用

周畅等（2016）研究了虎杖苷在 ApoE-/-小鼠动脉粥样硬化治疗中的作用及其可能的机制。利用高脂饲料连续喂养 ApoE-/-小鼠12周，构建动脉粥样硬化小鼠模型，对动脉粥样硬化 ApoE-/-小鼠进行分组给药，病理切片 HE 染色显示，虎杖苷给药组小鼠的血管组织形态较模型组有较明显的改善，显示出虎杖苷对动脉粥样硬化具有较好的的治疗效果；与模型组比较，虎杖苷可以显著的降低血清中氧化型低密度脂蛋白的水平。研究结果表明虎杖苷可降低血脂，减少脂质的沉积，改善动脉粥样硬化血管组织的形态，具备治疗动脉粥样硬化的潜力。

6. 虎杖苷保肝作用

张霖等（2010）研究了虎杖苷对非酒精性脂肪肝大鼠血脂、肝功能以及胰岛素抵抗的影响。通过高脂饲料喂养 8 周构建，SD 大鼠造模，分组灌胃给药，持续 4 周后处死动物，分离血清，测定各组大鼠血脂（TG、TC、LDL-C、HDL-C）、肝功能（ALT、AST）、空腹血糖（FBG）、空腹胰岛素（FNS）、胰岛素抵抗指数（IRI）、胰岛素敏感指数（ISI）。结果表明虎杖苷能减轻肝细胞脂肪沉积，降低模型大鼠 ALT，降低血脂水平，改善胰岛素抵抗，保护肝细胞，从而达到治疗非酒精性脂肪肝的作用。

7. 治疗慢性肾小球疾病

糖尿病肾病又称糖尿病性肾小球硬化症，是糖尿病常见而难治的慢性微血管并发症，弥漫性的肾小球硬化是糖尿病的特异性肾损伤。临床表现为蛋白尿、水肿等，进一步发展可形成氮质血症，尿毒症，致残率与死亡率较高。孔令东等（2012）提出了虎杖苷的医药新用途，涉及虎杖苷在预防和治疗进行性的慢性肾小球疾病及足细胞病变相关（如肾小球硬化症等）肾小球疾病药物中的应用。动物试验结果表明：虎杖苷对果糖模型大鼠肾小球功能和器质性损害有明显的预防改善作用；对于肾小球硬化症模型大鼠尿蛋白和肾小球足细胞损害有明显的治疗改善作用。利用虎杖苷配以相关辅料，用常规的制剂方法可制成针对性预防和治疗肾小球疾病的保健品或药物，可用于包括糖尿病、代谢综合征等涉及慢性肾小球损害的疾病；可用于肾小球硬化症等涉及足细胞病变的疾病，可延缓和改善相关疾病中肾小球进行性病程。

8. 肿瘤药物的减毒增效剂

筛选新型的抗肿瘤天然植物药，确定其具有抗肿瘤作用并探寻减毒增效的相关机制，已成为当今恶性肿瘤治疗研究领域的热点之一，刘立仁和潘博宇（2019）公开了虎杖苷、紫杉醇组合物及在制备防治胃部恶性肿瘤药物的用途。通过细胞生物功能实验证明：将虎杖苷与紫杉醇在质量比（22.65～33.77）：1 范围内联合配伍运用可较好地协同抑制人胃癌细胞的活性；与此同时还可较好地起到减毒增效的治疗效果，可以将虎杖苷与紫杉醇组合成组合物作为有效成分制备防治胃部恶性肿瘤的药物。

9. 抗阿尔茨海默病

阿尔茨海默病，别称老年痴呆症，是影响老年人健康的主要疾病之一，特别是血管性痴呆和老年性痴呆的发病频率显著上升，严重威胁人类健康和生命，肖凯等（2009）的体外研究试验显示，虎杖苷对大鼠多发性梗塞性脑缺血损伤等造成的病理损伤有较强的保护作用，能够显著改善痴呆大鼠的学习记忆功能，研究指出虎杖苷可用于制备抗血管性痴呆产品和抗老年性痴呆产品，其使用方式包括单独使用或与其他化学物质联合使用。

第三节　其他化学成分及其利用

一、香豆素及其衍生物

香豆素（图5-4）及其衍生物是广泛存在于自然界的一类芳香族化合物，是一种重要的香味增强剂，广泛应用于香水、化妆品、去污剂等行业中。由于香豆素类化合物具有分子量小，合成简单，生物利用度高，药理作用广泛，毒性小等特点，近年来已经成为药物研发

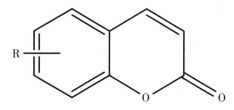

图5-4　香豆素化学结构式

工作的研究重点之一。虎杖中的香豆素由金雪梅等（2007）采用硅胶柱色谱分离，并通过化学和波谱分析方法鉴定出来。

1. 香豆素及其衍生物的生物学作用

（1）抗氧化作用

天然和合成的一些香豆素类化合物具有良好的抗氧化和清除自由基的功能。文献报道，一些香豆素类化合物能够影响活性氧（ROS）的形成和清除，从而影响自由基介导的氧化损伤（Fylaktakidou et al.，2004）。许多研究表明这种天然的抗氧化剂具有多种药理作用，如神经保护、抗肿瘤、抗诱变和抗炎作用，这些作用均与其抗氧化活性有关（Borges et al.，2005）。秦皮提取物中的香豆素类成分具有较好的清除自由基的活性，能够抑制 Fe^{2+} 和抗坏血酸诱导的脂质过氧化作用（Wu et al.，2007）。4-甲基香豆素类化合物通过氨基取代能够明显的抑制脂质过氧化反应，而原位的羟基和氨基取代的香豆素类化合物具有很强的抗氧化和清除自由基的能力（Tyagi et al.，2005）。阿霉素在治疗肿瘤的过程中，由于氧化应激产生大量的自由基而发生心血管毒性作用，限制了其临床应用。4-甲基-7,8-二羟基香豆素具有很强的抗氧化性，而且毒性低，与阿霉素合用能够降低治疗过程中产生的 ROS，而不影响阿霉素对人乳腺癌细胞（MCF7）的毒性（Beillerot et al.，2008）。在过氧化物模型中（何旭，2009），香豆素对过氧化自由基产生的抑制率达 10%，可保护低密度脂蛋白（LDL）的氧化作用，使氧化时间延长 160 min（提高 33%）。

（2）抗肿瘤作用

研究发现（Reddy et al.，2004），许多香豆素类化合物对哺乳动物的癌细胞系具有细胞毒性作用。最近一系列芳香基磺酰脲香豆素类化合物被报道在低浓度能有效抑制各种肿瘤细胞的增殖。而 Manojkumar 等（Manojkumar et al.，2009）也报道一些合成的杂环香豆素类化合物对道尔顿淋巴瘤腹水癌细胞（DLA）和小鼠艾氏腹水癌细胞（EAC）具有细胞毒作用。芳香酶是雄激素转化为雌激素的关键酶，而雌激素通过雌激素受体刺激乳腺癌细胞的增殖。因此，一些合成的香豆素类芳香酶抑制剂，如来曲唑、依希美坦等被证明对内分泌激素引起的乳腺癌有效。香豆素的磷肼类衍生物具有体外抗 P388 白血病的作用，与甲氨蝶呤合用在鼠类白血病细胞系 L1210 上能够观察到抗肿瘤作用（Nawrot-Modranka et al.，2006）。香豆素和 7-羟基香豆素在体内和体外都具有抗肿瘤作用，能够通过诱导细胞周期停滞于 G1 期而抑制所有的肺癌细胞系细胞生长，和其他抗新生瘤的药物合用能够增强对非小细胞肺癌的治疗作用。华法林作为抗凝剂，有研究认为它能直接抑制肿瘤的生长和迁移，但是更多的临床研究表明尽管长时间使用华法林可以降低生殖系统癌症的危险，但仍没有确切的证据表明华法林可以提高肿瘤患者生存率，还需进一步确定其对肿瘤的类型和发展阶段的作用。

（3）抗炎作用

花生四烯酸是炎症介质的主要来源，通过脂氧合酶和环氧合酶调节炎症介质的生成。香豆素类化合物可以通过抑制脂氧合酶和环氧合酶影响花生四烯酸的代谢途径，从而发挥抗炎作用（Kontogiorgis et al.，2006）。以 7-偶氮甲碱键连接的香豆素类化合物能够明显地抑制角叉菜胶诱导的大鼠足趾肿胀（Kontogiorgis et al.，2004）。炎症反应时巨噬细胞产生大量的自由基，因此，炎症反应和抗氧化作用关系密切。有文献报道活性氧族涉及环氧合酶和脂氧合酶介导的花生四烯酸向促炎性反应介质的转化过程，因此一些天然或合成的香豆素类抗氧化剂都具有抗炎作用（Melagraki et al.，2009）。

（4）抗 HIV 作用

有研究报道天然香豆素及其衍生物能够通过阻断病毒进入，抑制反转录酶活性，干扰病毒组装等机制发挥抗 HIV 的作用（Yu et al.，2003）。天然四环香豆素 (+) -calanolide A，作为一种天然的二吡喃香豆素类化合物目前正在进行抗 HIV 的临床研究，已经证明其能有效的抗分枝杆菌（Clercq，2004）。从 *Marila plurico-stata* 中分离的天然 4-苯基香豆素类化合物的抗病毒作用与抑制 NF-κB，拮抗 Tat 的功能从而抑制 HIV 的转录有关，并认为这类化合物作为病毒转录酶的抑制剂能够用于治疗 HIV 感染（Bedoya et al.，2005）。

（5）免疫调节作用

细胞因子有广泛的生物学效应，是维持内环境稳态的必需成分，在免疫调节中发挥着重要的作用。从 *Prangos pabularia* 中分离出的一些香豆素类化合物能抑制 IL2/IL4/IL1β 和 TNF-α 的释放，从而调节免疫功能。胡萝卜、芹菜、茴香等一些伞形科植物中含有的香豆素和黄酮类化合物具有免疫调节活性，能够增加 CD8+T 细胞和活化的外周血单核细胞的数量进而促进淋巴细胞的增殖（Cherng et al.，2008）。

（6）抗菌作用

Melliou 等评价了 26 个具有抗菌活性的吡喃香豆素类衍生物并发现它们都具有广谱性，而吡喃酮环上的 3-羧基取代衍生物有明显的活性，对 14 种微生物的最小抑菌浓度为 25~200 mg/L（Smyth et al.，2009）。此外，香豆素类化合物还具有光敏、抗辐射、抗抑郁、止咳平喘、影响药物代谢以及抗高血压、抗心率失常等作用。

2. 香豆素及其衍生物在农业上的应用

香豆素的衍生物在灭杀小菜蛾以及卷心菜毛毛虫幼虫等农业害虫方面十分有效。这体现了香豆素在农业领域的作用。该物质中的花椒素若在光照条件下，对于害虫的消灭能力可以提升至数倍到千倍（文思奇，2017）。更多研究发现香豆素的化合物的用途主要是生产灭鼠溶剂。现阶段，已经明确了新型抗凝血灭鼠剂（如杀鼠迷、杀鼠灵、氟鼠灵、溴敌隆等）。在我国，这类灭鼠剂是最为普及的 4 羟基香豆素种类的灭鼠剂。它们的特点是毒性小、高效率、使用区域大、不容易出现二次中毒、操作简易且可靠安全，在室内和室外均可用于消灭老鼠。香豆素在植物体内还具有保护和调节植物生长活动的作用，许多植物在受到其他微生物的浸染能够合成香豆素类化合物（何晓强，2007）。

3. 香豆素及其衍生物在化学分析上的应用

香豆素及其衍生物在化学分析中也有涉及，比如把香豆素同特殊的阴/阳离子以及分子结合来构成不一样的荧光分子探针。荧光量子的生产率大，发光较平稳，该种化合物在荧光探针的探究和使用中获得了较大发展（谷运璀等，2013）。对于开发新型的有机发光材料，有机染料光灵敏剂，太阳能电池板，应用化学中的荧光探针，它还是一种高效选择性的化学比色剂。用于对金属离子的测定，为了能够高效快速的检测出浓度较低的氟离子（熊婧等，2018），可以通过荧光探针和光学检测的手段来实现。

4. 香豆素及其衍生物作为荧光增白剂的应用

目前我国荧光增白剂可以分为香豆素类，二苯乙烯类，吡唑啉类等九类。香豆素类衍生物可应用于荧光增白剂，它是通过在香豆素母体环上的 3、7 位置引入不同的取代基，如 7-氨基香豆素、7-羟基香豆素、7-甲氧基香豆素等，从而得到不同的香豆素类荧光增白剂（罗先金等，2001）。取代位置不同，化合物的结构性质就不一样，产生的化合物具有不同程度的白度，色调。这种香豆素类荧光增白剂在工业上适用于纺织业和塑料的合成，较好的热稳定性和透光性是它在工业上应用的最大优势。非离子型香豆素除用于增白聚丙烯腈纤维以外，还可以对聚酯、聚酰胺等缩聚物进行增白，耐晒牢度好，氯漂稳定，易合成。

5. 香豆素及其衍生物作为增香剂的应用

香豆素类衍生物在洗涤剂中作为增香剂使用，使产品在使用时能散发出芳香气味，给人以新鲜、清新的感觉；因香豆素类衍生物可以掩盖喹啉、碘仿和酚类等气息而作为定香剂；在电镀、橡胶、塑料等制品中可作为赋香剂和除臭剂（唐健，1999）。

二、木脂素

研究表明，虎杖中还存在木脂素类化合物（梁明辉，2019）。木脂素又称木脂体，是一类植物小分子量次生代谢物，在体内大多呈游离状态，也有与糖结合成貳存在于植物的树脂状物质中。木脂素常见于夹竹桃科、爵床科、马兜铃科植物中，广泛分布于植物的根、根状茎、茎、叶、花、果实、种子以及木质部和树脂等部位。因为从木质部和树脂中发现较早，并且分布较多，故而得名木脂素（冯瑞红，2007）。木脂素由两分子苯丙素衍生物（C_6-C_3）聚合而成，单体主要是肉桂酸和苯甲酸及其羟甲基衍生物。肉桂酸类有肉桂酸、咖啡酸、香豆酸、阿魏酸以及芥子酸等，而苯甲酸类包括苯甲酸、羟苯甲酸、绿原酸、香草酸以及丁香酸等。存在于植物中的木脂素化合物不是活性植物雌激素，此类物质只有经肠道代谢为所谓的哺乳动物木脂素后，才显出一定的雌激素活性。木脂素类化合物可分为两大类（张国良等，2007），即木脂素（lignan）和新木脂素（neolignan）。木脂素类是指 C_6-C_3 单位通过边链的 β 位碳连接而成的化合物（图5-5），常见的有芳基萘（arylnaphthalene）、二苄基丁内酯（dibenzyl-butyrolactone）、四氢呋喃（tetrahydrofuran）、二苄基丁烷（dibenzyl-butane）和联苯环辛烯（dibenzocyclooctadiene）等类型。C_6-C_3 单位不通过边链 β 位碳连接而形成的聚合体被归为新木脂素。在数百种植物的木质部、根、叶、花和果实中均发现有此类物质。木脂素的积累与物种的抗逆性息息相关。同时，木脂素还是植物的抗毒素和昆虫的拒食剂，具有植物毒性和细胞毒性，是植物防御病虫害的化学物质。此外，木脂素还参与植物的生长调控（李欣等，2006）。

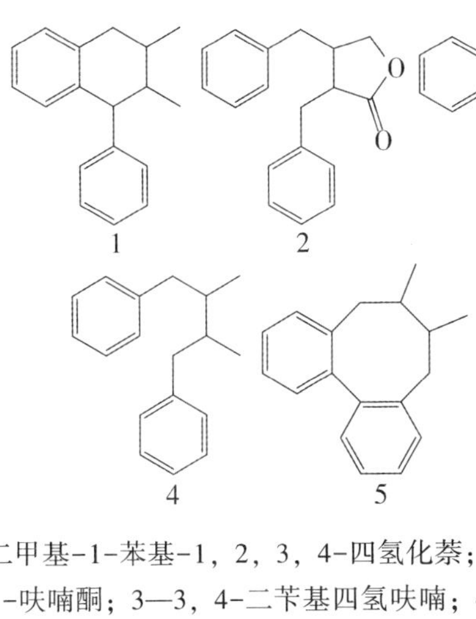

1—2，3-二甲基-1-苯基-1，2，3，4-四氢化萘；2—二氢-3，4-二（苯甲基）-2（3H）-呋喃酮；3—3，4-二苄基四氢呋喃；4—2，3-二甲基-1，4-二苯基丁烷；5—5，6，7，8-四氢-6，7-二甲基二苯并［a，c］环辛烯。

图5-5 常见的木脂素类化合物

1. 木脂素在农业上的应用

木脂素可用作植物源农药应用于农业生产。植物源农药是指利用植物体本身或以植物中可作为"农药"的各种生理活性物质加工而成的农药。植物源农药具有在环境中生物降解快、对人畜等非靶标生物毒性低、害虫不易产生抗药性、成本低、易得等特点。因此，是潜在的化学农药的替代物，特别是在克服害虫抗药性及减少环境污染的方面，植物源农药具有独特的优势。脱氧鬼臼毒素和鬼臼毒素是从砂地柏中发现较早研究较多的两个木脂素。对二者的杀虫活性测试表明，它们对菜青虫有较强的胃毒和拒食作用，据此认为脱氧鬼臼毒素对昆虫作用机理可能为：阻断取食信息的传入或者激活抑食信息的输入而表现出拒食活性，破坏了昆虫的消化道，并抑制了肠中淀粉酶而表现出上吐下泄异常的症状，最后因大量失水而使试虫呈僵直干缩状态。抑制细胞的分裂而干缩使试虫体壁变薄，易破裂，或发育为畸形蛹或畸形成虫（林珊，2004）。木脂素类化合物也对草食畜禽胃肠道微生物对其饲草的消化利用起重要的作用，可以通过改善微生物消化，提升动物营养水平和畜禽产品质量。

2. 木脂素的抗氧化活性

Kitts 等研究表明，亚麻籽中开环异落叶松树脂酚二葡萄糖苷（SDG）及其代谢产物肠二醇（END）和肠内酯（ENL）在低浓度（100 μmol/L）时均有抗氧化活性，且三者抗氧化活性存在差异，END 和 ENL 在减少脱氧核糖被氧化和 DNA 链遭受损伤方面的能力比 SDG 更强（Kitts et al.，1999）。Prasad 等利用酵母多糖活化的多形核白血球的化学发光法（PMNL-CL），以维生素 E 和 SDG 为参照，比较了 SECO，END 和 ENL 的抗氧化活性强弱，结果表明 SDG，SECO，END 和 ENL 比维生素 E 的抗氧化活性更强（Prasad et al.，2000）。但采用 FRAP 分析法（ferric reducing/antioxidant power assay）研究木脂素活性却得出与上述不同的结论：SECO 和 MAT 的抗氧化活性比维生素 C 更强，而 END 和 ENL 的抗氧化活性则很低；同时还确证 SECO 和 MAT 中含甲基的芳香环是导致其高活性的直接原因（Niemeyer et al.，2003）。不同方法测得的 END 和 ENL 抗氧化能力之间出现偏差可能与所采用的分析方法及分析时木脂素浓度有关。细胞水平的研究显示，END 和 ENL 对 H_2O_2 诱导的结肠 HT29 细胞内 DNA 损伤不具保护作用，但目前能降低内源性 DNA 的氧化损伤（Pool-Zobel et al.，2000）。

3. 木脂素的抗肿瘤作用

天然鬼臼类木脂素是一类具有显著抗肿瘤活性的天然产物（程丽姣等，2006）。20 世纪 60 年代中期，人们发现依托泊甙 VP16-213（etpoposide）和替尼泊甙 VM26（teniposide）经临床测试具有广谱抗癌活性，对小细胞肺癌、白细胞癌、淋巴肉瘤、神经胶质瘤、霍杰金氏症等多种癌症有特殊疗效（刘长军等，1997）。到目前为止，已经发现许多木脂素具有抗肿瘤活性。从糙叶败酱中分离提取出总木脂素，采用 MTT 比色法测定糙叶败酱总木脂素对 K562 细胞生长的影响，结果显示，糙叶败酱总木脂素对 K562 细胞增殖有显著抑制作用，作用的机制与其诱导 K562 细胞凋亡有关（陈茹等，2007）。

4. 木脂素的抗病毒、抗菌消炎作用

艾滋病（AIDS）是由人类免疫缺损病毒（HIV）引起的一种传染性疾病，化学药物疗法是目前临床治疗艾滋病的有效方法之一，目前应用较广的药物有核苷类 HIV 逆转录酶抑制剂和非核苷类 HIV 逆转录酶抑制剂，但目前化学药物疗法的弊端在于不能根治艾滋病，尤其是它们的毒副作用及长期用药产生的耐药性在相当的程度上限制了它们的使用效果（杨毅等，1998）。木脂素作为一大类天然存在的具有抗病毒活性的化合物，1990 年首次被报道具有抗 HIV 活性。近年来，许多木脂素化合物具有抗 HIV 活性已经被研究证实，如内南五味子 12 种木脂素中就有 7 种具有抗 HIV 病毒性能（Chen et al.，1997）。还有一些木脂素类也具有对乙型肝炎抗原具有不同程度的对抗作用。研究人员还发现从三白草中分离的主要木脂素类化合物白三脂素-8（Sc-8）对角叉莱胶所致的大鼠急性炎症和棉球肉芽肿有抗炎活性。研究发现 Sc-8 低剂量组和高剂量组在角叉莱胶致炎后均能明显抑制炎症，且均在 1 h 左右达到最大效应。Sc-8 高剂量组和低剂量组对棉球肉芽肿的抑制率分别为 60.35%、55.02%（马敏等，2001）。

三、齐墩果酸

齐墩果酸（Oleanolic acid，OA）又名庆四素（图5-6），是一种五环三萜类化合物，以游离或与糖结合成苷的形式广泛存在于世界各地的食物、医学草本植物和其他植物中（肖崇厚，1996）。自20世纪70年代我国湖南医药工业研究所鉴定其为有效的抗肝炎单体成分后，国内外研究者们不断发现其新的药理作用，并进行了深入研究使其在临床上得到广泛应用。

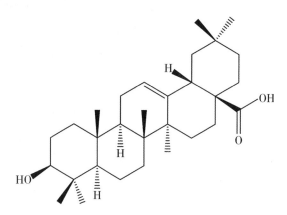

图5-6　齐墩果酸化学结构式

1. 齐墩果酸的保肝作用

保肝作用是OA最早被发现的药理作用之一。它不但对单纯的急、慢性肝损伤具有护肝降酶、促进肝细胞再生作用，而且能保护CCl$_4$诱导的大鼠急慢性肝损伤，明显减少肝内甘油三酯蓄积，显著降低血浆谷丙转氨酶和肝硬化大鼠脑匀浆酪氨酸水平，明显减轻肝细胞变性坏死，增加糖原蓄积，超微结构可见肝细胞内线粒体肿胀与内质网囊泡变性减轻，肝组织间质炎症反应减弱。通过对大鼠肝细胞的分离和原代培养发现，OA能抑制环磷酰胺所致的大鼠肝细胞损伤，降低肝细胞上清液ALT、AST及LDH活力，增加肝细胞

MTT 值，具体机制有待进一步研究（宫新江等，2006）。另有研究人员证实 OA 保肝作用的机制之一是显著阻止了血清丙氨酸转氨酶、乳酸脱氢酶和脂质过氧化酶活性增加，直接抑制了谷丙转氨酶活性，且发现小鼠经 OA 预处理后，肝细胞 DNA 及蛋白质合成速率明显增高（王晓峰等，1999）。此外，OA 还可以明显拮抗溴苯、呋喃苯胺酸、秋水仙素、内毒素等的肝毒性（Liu et al.，1995）。赵骏等认为 OA 解毒的机制是因为其结构上存在着活泼的、易发生一些化学反应如与体内毒性物质结合的官能团，双键、羟基、羧基（赵骏等，1998）。

2. 齐墩果酸的降糖、降脂作用

OA 可以降低正常小鼠的血糖，预防及治疗由四氧嘧啶引起的小鼠糖尿病，对抗肾上腺素或葡萄糖引起的小鼠血糖升高，对链脲霉素糖尿病大鼠只能改善尿量和饮水量而无显著降糖作用，给药浓度和时间以及给药途径直接影响血糖的效力（Ball et al.，2007）。此外，OA 可明显降低血清胆固醇（TC）、低密度和极低密度脂蛋白胆固醇（LDL+LDL-C 及 TC/HDL-C）比值水平，显著提高高密度脂蛋白胆固醇（HDLC）含量，降低血清丙二醛、动脉壁胆固醇含量和动脉粥样硬化斑块形成发生率，升高 PGL2/TXA2 比值，显著抑制动脉粥样硬化的形成（王忠壮，1996）。

3. 齐墩果酸的抗诱变、抗癌作用

齐墩果酸可明显抑制环磷酰胺和乌拉坦所致微核率升高。女贞子的甲醇提取物能抑制苯并芘的诱变活性，OA 作为活性成分被分离出来，说明其可能有抗突变的作用（张骁等，2004）。体外试验表明，OA 可抑制肿瘤生长，降低不良辐射损伤对鼠造血组织的损伤（Ovesna et al.，2004）。吴勃岩等通过观察 OA 对 S180 荷瘤小鼠的抑瘤率、生命延长率以及用药前后体重变化等指标的影响，发现 OA 能有效抑制 S180 肿瘤生长，延长荷瘤小鼠存活时间，并能很好地提高机体免疫力（吴勃岩等，2010）。黄炜等发现对于高转移人肺癌细胞（PGCI3），OA 具有抗增殖和侵袭作用，其机理是通过抑制癌细胞趋化运动、对层粘连蛋白的黏附作用和组织蛋白酶 B 分泌实现的（黄炜等，2003）。李鸿梅等通过 MTT 实验证明 OA 在体外能够抑制 SGC-7901/GDDP 细胞增殖，并用适时荧光定量 PCR 实验证明 OA 可使促凋亡基因 *Bax* 表达升高，抗凋亡基因 *Bcl*-2 表达降低，其作用机制可能是上调 *Bax* 和下调 *Bcl*-2mRNA 的表达（李鸿梅等，2009）。通过其他各种研究也得出：OA 的抗癌作用几乎贯穿了肿瘤发展的各个阶段，能有效抑制肿瘤血管的生成、肿瘤细胞的侵袭和转移。目前作用机制尚不明确。由于 OA 的低毒性，其还可用作临床治疗肿瘤的化学保护和化学预防药（李雯等，2005）。

4. 齐墩果酸调节免疫

OA 在人类某些变态反应性及自身免疫性疾病中也起了重要作用。实验研究表明，OA 对 I、Ⅲ、Ⅳ 型变态反应具有明显抑制作用，能显著抑制小鼠和大鼠被动皮肤过敏反应，降低大鼠颅骨膜肥大细胞脱颗粒百分率，对抗组织胺引起的大鼠皮肤毛细血管通透性增高（王立新等，2001）。OA 可以对抗可的松所致小鼠胸腺、脾脏萎缩，升高抗体免疫球蛋白（IgG）含量，抑制 I 型变态反应。但是，OA 不能阻止免疫复合物所致的组织损伤（Zhang et al.，2005）。此外，OA 对造血系统有促进作用，能升高化疗或放疗所致白细胞减少，但对 60Co-γ 射线照射引起的白细胞减少无效（王晓峰等，1999）。OA 对前列腺素环加氧酶有激活作用，可使小白鼠肺、肾脏器的 cAMP 含量明显高于生理盐水对照组，同时还能够阻断组胺的释放（Kapil et al.，1995）。

5. 齐墩果酸的抗菌、抗病毒作用

OA 为广谱抗菌素，对金黄色葡萄球菌、溶血性链球菌、大肠杆菌、弗氏痢疾杆菌、伤寒杆菌，特别是对伤寒杆菌、金黄色葡萄球菌作用比氯霉素强。通过儿拉姆兰微板分析法（MABA）与二倍稀释法比较 OA 对结核分支杆菌 H37Rv 和 H37Ra 的体外抗菌活性，以噻唑蓝（MTT）法对 OA 进行细胞毒性试验。结果发现 OA 对这两种结核菌都有较好的体外抗菌活性，且对于正常细胞在所测药物浓度范围内没有毒性作用（曾范利等，2010）。

6. 齐墩果酸的抗炎作用

OA 对乙酸引起的小鼠腹腔毛细血管通透性的增高呈抑制作用，能明显抑制二甲苯引起小白鼠耳廓肿胀。其抗炎机制可能涉及以下几个方面：①激活垂体-肾上腺皮质系统，促进皮质激素的释放；②抑制 PGE 的合成或释放；③降低血清补体活性，对抗炎性介质组胺引起的毛细血管通透性增高（Malum et al.，2007）。

7. 齐墩果酸的抗高血压作用

Somova et al.（2003）研究发现，OA 对实验性大鼠无直接降压作用，但有直接的强心作用。当大鼠长期服用 OA 后，能有效抑制严重高血压的发展，且 OA 的降血脂及抗氧化活性比熊果酸高。

四、没食子酸

没食子酸（gallic acid，GA），化学名 3，4，5-三羟基苯甲酸，其结构式如图 5-7 所示。GA 是可水解鞣质的组成部分，广泛存在于葡萄，茶叶等植物中，是自然界存在的一种多酚类化合物。已有文献证实 GA 具有抗炎、抗突变、抗氧化等多种生物学活性。

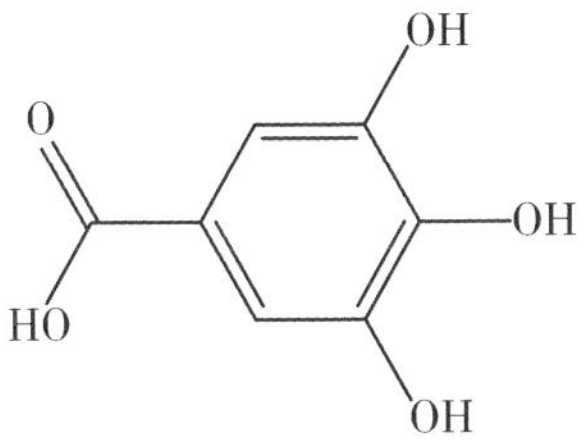

图 5-7　没食子酸化学结构式

1. 没食子酸的抗氧化作用

用传统中医药学方法筛选抗肿瘤药物时发现，GA 在 IC50 为 4.8~13.2 μg/mL 时，对原代培养的大鼠肝细胞和巨噬细胞显细胞毒作用，对纤维母细胞和内皮细胞显示较小的细胞毒作用；当浓度超过 20 μg/mL 时，GA 与细胞 dRLh-84 作用 6 h 后，细胞死亡。相关化合物结构研究显示 GA 的细胞毒作用不是酚类化合物所共有的，而是依赖于 GA 结构上特有的特征，3 个毗邻的酚羟基是主要的活性基团（Inoue et al.，1995）。在早幼粒细胞白血病 HL-60RG 的细胞培养中，GA 通过活性氧簇 ROS 介导，诱导细胞死亡（Inoue et al.，1994）。将人胃癌细胞 KATO Ⅲ 和结肠腺癌细胞 COLO 205 暴露于 GA，可导致它的生长抑制和细胞凋亡，细胞 DNA 发生有控裂解，产生若干大小不等的寡核苷酸片段，这种片段是细胞凋亡的特征，且分裂呈浓度和时间依赖性（Yoshioka et al.，2000）。GA 诱导细胞凋亡的作用不依赖细胞周期，ROS 的产生（如 H_2O_2）和胞内 Ca^{2+} 浓度上升可作为 GA 诱导细胞凋亡的共同信号，且细胞凋亡可被胞内抗氧化剂 N-乙酰-L-半胱氨酸，过氧化氢酶和胞内 Ca^{2+} 螯合剂抑制。进一步的研究发现，GA 使细胞内 ROS 呈剂量依赖性的增加，可能由胞外产生的超氧阴离子得到的 H_2O_2 内流，增加胞内 H_2O 水平，与胞内 Ca^{2+} 一起使染色体 DNA 在核小体间断裂，从而诱导细胞凋亡（Inoue et al.，2000）。Aoki et al.（2001）报道 GA 诱导人口腔肿瘤细胞株 HSC-2 和 HSG 的凋亡，是以细胞核缩合，半胱氨酸蛋白酶 caspase 活化为特征；加入唾液剂量依赖性的降低 GA 诱导的细胞毒性，提示生理体液可能改变 GA 的生物学作用。此外，GA 具有抑制鼠肥大细胞瘤细胞 P815、鼠黑色素瘤细胞 B16 和鼠淋巴瘤细胞 L5178 等转移性肿瘤细胞增殖的作用，IC50 分别为 6.5 μg/mL，8.0 μg/mL，3.6 μg/mL；用 50 mg/kg 的 GA 治疗静脉注射 P815 的 DBA/2 小鼠，发现小鼠肝内的小瘤数量下降，在肝转移过程中升高的血清谷草转氨酶、谷丙转氨酶均降低，GA 通过杀灭转移至肝脏的 P815 而抑制肥大细胞瘤的肝转移，从而延长了生存期（Ohno et al.，2001）。

2. 没食子酸的抗氧化、抗自由基作用

氧化和自由基损伤被公认是引起细胞 DNA 损伤进而导致细胞恶变的重要机制之一。现已证实 GA 对 Fenton 反应产生的羟自由基和黄嘌呤-黄嘌呤氧化酶自由基发生系统产生的超氧阴离子自由基具有清除作用，对人肝微粒体细胞色素 P450 3A（CYP3A）介导的氧化具有抑制作用，以减少组织细胞 ROS 的堆积。在诱导细胞凋亡中主要显示促氧化作用。将 GA 加入蒸馏水中还原电位迅速升高，几秒后被更高的氧化电位所替代；而将 GA 加入培养基中仅剂量依赖性的增加氧化电位，显示了它的促氧化作用（Sakagami et al.，1997）。GA 诱导细胞凋亡时 H_2O_2 等 ROS 的产生被金属元素离子（如 Fe，Cu 离子）还原，生成羟自由基而显示促氧化作用使细胞死亡。有学者报道从质粒 pBR322 和小牛胸腺得到的 DNA 用 GA 加 Cu 离子处理引起 DNA 丝条断裂和 8-羟基-2′-脱氧鸟苷的形成，加入过氧化氢酶可阻止 DNA 损伤，羟自由基可能参与了 DNA 的损害，可见 GA 作为促氧化剂可引起 Cu 离子依赖的 DNA 损害而导致细胞死亡（Yoshino et al.，2002）。Qiu 等研究了 GA 诱导血管平滑肌细胞 VSMC 死亡的机制，发现死亡的细胞细胞质皱缩，细胞核缩合，显示不属典型的细胞凋亡；GA 处理的 VSMC 产生羟自由基，用水杨酸作吸收剂观察到液体的过氧化作用，产生的羟自由基可被氯霉素乙酰转移酶 CAT 和去铁铵 DFX 抑制，使细胞完全脱离死亡。表明羟自由基是 GA 诱导 VSMC 死亡的机制之一（Qiu et al.，2000）。

3. 没食子酸对肺癌的治疗作用

另有研究报道 GA 与 4 种人肺肿瘤细胞小细胞瘤 SBC3、鳞状细胞瘤 EBC-1、腺癌 A549 和耐顺铂亚克隆小细胞瘤 SBC-3/CDDP 细胞接触 30 min 后触发细胞凋亡，且有 caspase 活化和氧化过程；发现 GA 对 SBC-3/CDDP 的 IC50 几乎与 SBC-3 一致，表明 GA 诱导细胞凋亡的敏感性不随顺铂耐药性而改变，指出 GA 可能使用于肺癌的治疗，尤其是对抗肿瘤药物耐药的肺癌（Ohno et al.，1999）。

4. 没食子酸杀锥虫作用

非洲锥虫是鞭毛状原生寄生虫，可导致人畜睡眠障碍。目前常用的杀锥虫药物有苏法明、喷他脒和美拉肿醇等，然而这些药物需要长期非肠胃给药并常见严重毒副作用。布（鲁斯）氏锥虫分为血流型和前循环型，Koide et al.（1998）对含布氏锥虫的肝素化小鼠血进行体外培养试验，用 Burker-Turk 血细胞计数器或 MTT［3-（4，5-二甲基噻唑-2-基）-2，5-二苯四偶氮溴］测定生存的锥虫数量。结果显示 GA 对血流型和前循环型锥虫均显强效杀虫作用，且杀虫作用依赖于锥虫的数量；GA 对血流型 LD50 值为（46.96±1.28）μM，对前循环型的 LD50 为（30.02 ±3.49）μM。同时对 GA 及其相关酚化合物细胞毒性与结构关系的研究发现，连苯三酚具有最强的杀锥虫活性，提示连苯三酚可能与细胞毒性相关，GA 是相对适宜的杀锥虫候选药物。GA 杀锥虫的作用机制研究表明，预先用 SOD 和过氧化氢酶处理可显著下降 GA 诱导的杀锥虫作用；电子自旋共振（ESR）技术显示含 GA 的培养基中检测到二甲基吡啶氮氧化物 DMPO 的-OH 内收，SOD 抑制了 GA 诱导的 DMPO-OH 内收的形成，而且 GA 加强了 Fenton 试剂诱导的 DNA 单丝状体断裂，这些结果说明活性氧中间体的形成可能与 GA 杀虫作用有关，GA 可能作为促氧化剂而起杀锥虫作用（Nose et al., 1998）。

5. 没食子酸对肝脏的作用

有学者对经济作物榄仁树中分离所得并确定为 GA 的化合物进行研究，发现该化合物存在肝脏保护作用。可以抵抗四氯化碳诱导的肝脏生理和生化的转变（Anand et al., 1997）。进一步的研究显示口服和腹膜腔内注射 GA，可显著阻止四氯化碳诱导的大鼠急性肝损害，推测 GA 抵抗四氯化碳诱导肝炎的作用机制可能是 SOD 类似活性（氧自由基清除活性）和对细胞膜的保护作用，结果显示 GA 可能主要通过对细胞膜的保护作用而起到抵抗大鼠急性肝炎的作用（KanaiS et al., 1998）。而我国的研究人员认为 GA 具有抗乙肝病毒的功效。对抗乙型肝炎病毒表面抗原（HBsAg）和乙型肝炎病毒 e 抗原（HBeAg）进行实验研究，采用酶联免疫吸附检测（ELISA）技术，选择 GA、云芝肝泰、乙肝冲剂和乙肝宁 4 种药物进行药效试验。结果抗 HBsAg 的药效为 GA（4.86）>（优于）云芝肝泰（5.53）>乙肝冲剂（6.11）>乙肝宁（6.66）；抗 HBeAg 的药效为乙肝宁（3.92）>乙肝冲剂（4.87）>GA（5.48）>云芝肝泰（5.51）；若综合评价药效指数，则抗乙型肝炎的排列顺序为 GA（5.17）>乙肝宁（5.29）>乙肝冲剂（5.49）>云芝肝泰（5.52）。可见，GA 是实验室筛选出的抗 HBsAg/HBeAg 的有效药物（郑民实等，1998）。

6. 没食子酸对血管的作用

Sanae et al.（2003）研究了 GA 对鼠胸主动脉的血管作用，显示 GA 对用苯福林或前列腺素 F（2/α）处理已收缩的完整内皮动脉具有收缩作用，而对裸露的内皮动脉，GA 无血管收缩作用。用 N（G）-硝基-L-精氨酸甲酯（一种 NO 合成抑制剂）预先处理可消除 GA 诱导的血管收缩作用；用吲哚美辛或 BQ610 预先处理不能消除 GA 的缩血管作用。在内皮裸露动脉用 GA 预先处理可显著减少乙酰胆碱诱导的血管松弛作用，也能降低硝普纳的血管松弛作用。这些结果显示 GA 诱导的内皮依赖性收缩和对内皮依赖性松弛，而不是内皮非依赖性松弛的强烈抑制作用，可能是通过抑制内皮 NO 的生成。

五、槲皮素

槲皮素是虎杖中重要的黄酮醇类化合物，具有多种生物活性，在植物中槲皮素多以苷的形式存在（图 5-8）。槲皮素能对抗自由基，络合或捕获自由基防止机体脂质过氧化反应；在抗菌、抗炎、抗过敏、防止糖尿病并发症方面也有较强的生物活性。此外，槲皮素还有降低血压、增强毛细血管抵抗力、减少毛细血管脆性、降血脂、扩张冠状动脉，增加冠脉血流量等作用，对冠心病及高血压患者也有辅助治疗作用。槲皮素无毒性，因此，对癌症、衰老、心血管疾病的治疗和预防有重要意义，具有较大的开发价值。

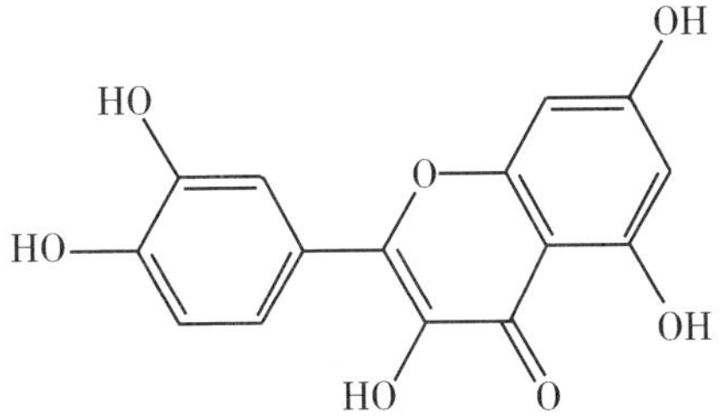

图 5-8　槲皮素化学结构式

1. 抗癌活性

槲皮素能够直接抑制肿瘤，有效发挥防癌抗癌作用；徐亚文（2020）等研究槲皮素对多发性骨髓瘤细胞 NCI-H929 增殖、凋亡、周期的影响及其作用机制，研究结果显示不同浓度的槲皮素可显著抑制 NCI-H929 细胞的增殖，抑制效应随时间的延长和剂量的增大而增强。流式细胞术分析结果显示，槲皮素可显著诱导 NCI-H929 细胞凋亡，并诱导细胞发生 G2/M 期阻滞。研究结果显示槲皮素可有效发挥对骨髓瘤细胞 NCI-H929 的抗肿瘤作用，该作用可能是通过诱导细胞凋亡、促进细胞周期阻滞和下调 ERK/AKT 通路实现的。

2. 保护脊髓损伤

王业杨等（2020）研究了槲皮素对大鼠脊髓损伤的保护作用及可能机制。采用改良的 Allen's 方法制备大鼠脊髓损伤模型，每天给予 20 mg/kg 的槲皮素治疗，持续 14 d。脊髓损伤后 1 d、3 d、7 d 和 14 d 采用 BBB 评分法评估各组大鼠后肢的运动功能，蛋白印迹法评价槲皮素对 TLR4/NF-KB 信号通路的作用，炎症因子肿瘤坏死因子-α（TNF-α）和白介素-1β（IL-1β）的产生采用酶联免疫法检测，结果表明槲皮素抑制 TLR4/NF-KB 信号通路介导的炎症反应和细胞凋亡从而减轻脊髓损伤。

3. 调节血压、改善心血管功能

周秀（2020）探讨槲皮素对自发性高血压大鼠（SHR）血压、肠道菌群及心室重构的影响及机制，槲皮素能显著降低血压，改善心肌纤维化程度，降低血清 TLR4、NF-κB p65 以及心肌组织 TLR4 蛋白和 mRNA 的表达，改善肠道菌群丰度，提示槲皮素可能通过调节肠道菌群，下调 TLR4/NF-κB 途径，进而降低 SHR 血压及改善心室重构。焦美（2020）等研究了槲皮素对慢性心力衰竭大鼠心功能的改善作用，探讨 TGF β1/Smad3 信号通路在其中的作用机制。利用 SD 大鼠建立压力负荷型慢性心力衰竭大鼠模型，以槲皮素灌胃给药，发现槲皮素可下调心衰大鼠心脏组织中 TGF-β1、Smad3、p-smad3、collagen Ⅰ、collagen Ⅲ表达水平，明显改善慢性心力衰竭大鼠的心功能，减轻大鼠心室重构及心肌细胞损伤，推测槲皮素通过调控 TGF β1/

Smad3 信号通路改善心肌损伤。

六、β-谷甾醇

β-谷甾醇（图 5-9）是植物甾醇类成分之一，其广泛存在于自然界中的各种植物油、坚果等植物种子中，也存在于某些植物药中。β-谷甾醇以其特有的生物学特性和物理化学性质被较多地应用到医药行业中。

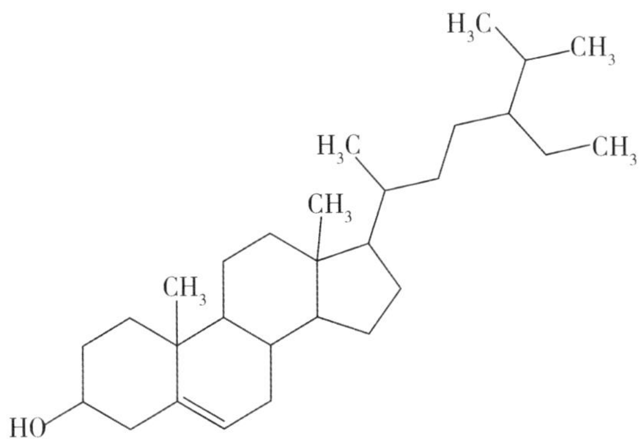

图 5-9　β-谷甾醇化学结构式

1. β-谷甾醇抗氧化作用

β-谷甾醇可抑制超氧阴离子并清除羟自由基，在油脂中加入 0.08% 植物甾醇能最大程度降低油脂的氧化（尉芹等，2001），并且其抗氧化能力随着浓度的上升而增强，尤其是与维生素 E 或其他抗氧化药物联合应用时，其抗氧化效果可与之协同，产生更强的叠加效果。植物甾醇的抗氧化作用在煎炸过程的初始阶段最明显，表明其具有良好的热稳定性。因此，添加植物甾醇的高级菜籽油在高温条件下的抗氧化、抗聚合性能增强（吴时敏等，2003）。

2. β-谷甾醇的类激素与抗炎退热作用

β-谷甾醇可降低鱼的血浆性类固醇激素、胆固醇水平和体外性腺类固醇水平（Gilman et al., 2003）。在饲料中长期添加 β-谷甾醇，不孕雌性水貂减少，而成功再生的数量显著增加（Nieminen et al.，2010）。β-谷甾醇有类似于氢化可的松和强的松等皮质类固醇激素的较强的抗炎作用，其对由棉籽酚移植引起的肉芽组织生成和由角叉胶在鼠身上诱发的水肿都表现出了强烈的抗炎作用。谷甾醇的退热镇痛作用与阿司匹林类似，但因其有不会引起溃疡的特点而为不可服用阿司匹林的患者提供了新的治疗替代药物（贾代汉，2005）。

七、虎杖中蒽醌类化合物的生物活性

虎杖中的蒽醌类化合物主要包括大黄素、大黄酚、大黄素甲醚、大黄酸、大黄素-8-O-β-D-葡萄糖苷，虎杖蒽醌类化合物具有清除氧自由基的作用。袁晓等（2013）以 DPPH 自由基清除活力为抗氧化活性指标，比较了蒽醌类 6 种化学成分（大黄素-1-β-D-葡萄糖苷、大黄素-8-β-D-葡萄糖苷、大黄素甲醚-8-β-D-葡萄糖苷、2-甲氧基-6-乙酰基-7-甲基胡桃醌、大黄素、大黄素甲醚）的抗氧化活性，结果显示，大黄素-1-β-D-葡萄糖苷、大黄素-8-β-D-葡萄糖苷、大黄素甲醚-8-β-D-葡萄糖苷有较强的抗氧化活性，其中大黄素-1-β-D-葡萄糖苷活性最强。虎杖蒽醌类成分可通过增加细胞中 GSH-px 含量，减少脂质过氧化物丙二醛含量，抑制红细胞氧化溶血，促进 DPPH 自由基的清除作用。虎杖蒽醌还显示较好的增强免疫效果，王珅等（2014）通过试验旨在研究基础日粮中不同添加剂量的虎杖蒽醌提取物对小鼠免疫功能的影响。试验将 80 只昆明小鼠随机分为 4 组，在日粮中分别添加 0.5%、0.8%、1.0% 的虎杖蒽醌提取物，以研究各组试验第 28 d 采血测定小鼠的 IgG、IgE 抗体水平，结果表明，虎杖蒽醌喂养的小鼠中血清中 IgG、IgE 有大幅提高；试验第 28 d 测定脾脏指数、胸腺指数，分别提高了 23.66% 和 46.73%，由此可以说明，小鼠饲料中添加 0.5%～1.0% 的虎杖蒽醌提取物均可以提高小鼠的免疫功能。

八、大黄酚

大黄酚是虎杖中蒽醌类次生代谢产物，为六方形或单斜形结晶（乙醇或苯），熔点196 ℃，升华（图5-10）。几乎不溶于水，略微溶于冷醇，易溶于沸乙醇，溶于苯、氯仿、乙醚、冰醋酸及丙酮等，极微溶于石油醚。具有抑制肿瘤细胞生长、调节机体免疫以及保护神经组织的活性。

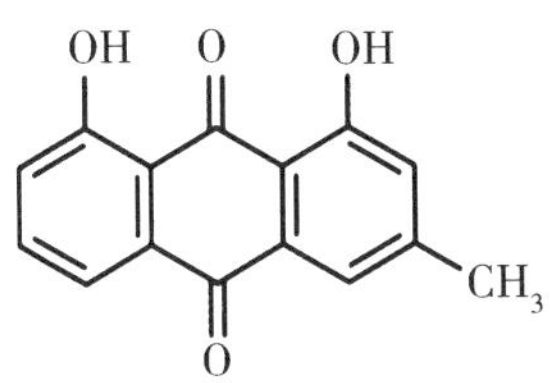

图 5-10　大黄酚化学结构式

在抑制肿瘤细胞活性方面，代继源等（2020）以体外培养SW480 细胞和体内荷瘤裸鼠为研究对象，探讨大黄酚对结肠癌SW480 细胞增殖、侵袭和裸鼠体内肿瘤形成的影响。体外实验表明，大黄酚能剂量依赖性地抑制人结肠癌 SW480 细胞增殖和 Ki67、PCNA蛋白表达，降低细胞划痕闭合率和侵袭细胞数量，调节 E-cadherin、VEGF、N–cadherin、Vimentin、AMPK、p–mTOR 和 cyclin D1 在SW480 细胞中的表达水平；动物体内实验表明，大黄酚可以抑制肿瘤生长，剂量依赖性地抑制 Ki67 和 PCNA 表达，调控 AMPK、p-mTOR 和 cyclin D1 在肿瘤组织的表达。推测大黄酚通过 AMPK 信号通路抑制结肠癌 SW480 细胞的增殖、侵袭及荷瘤小鼠肿瘤形成。

在调节机体免疫方面，宋博翠等（2019）建立环磷酰胺诱导免疫抑制小鼠模型探讨大黄酚对免疫功能低下小鼠的免疫保护作用，结果表明大黄酚能够通过增强 T、B 淋巴细胞增殖，提高免疫抑制小鼠的脾脏指数和胸腺指数，上调血清中 IL-2 和 IL-4 水平，促进溶血素水平升高和抗体细胞生成，说明大黄酚对环磷酰胺诱导的免疫抑制小鼠有显著的免疫保护作用。

在机体神经保护方面，刘伦等（2019）探究了大黄酚对脑缺血再灌注损伤小鼠的抗氧化及神经保护作用，发现大黄酚可显著增强缺血再灌注小鼠脑组织抗氧化能力，改善神经功能，神经保护作用显著，其作用机制可能与显著上调海马组织 NGF 蛋白表达相关。

九、大黄素甲醚

大黄素甲醚（图 5-11）为虎杖中蒽醌类化合物，是绿色、高效植物源杀菌剂，其通过干扰病原真菌细胞壁几丁质的生物合成，明显抑制病菌分生孢子的萌发和附着胞的形成，抑制真菌菌丝、吸器的形成及孢子的产生，阻断病害的蔓延，大黄素甲醚可应用于白粉病、霜霉病、灰霉病、炭疽病的防治，此外，大黄素甲醚对金黄色葡萄球菌、大肠杆菌、绿脓杆菌、链球菌和痢疾杆菌等 26 种细菌均有抑制作用，对人畜低毒，对环境友好，适合于蔬菜、农作物的病原菌的防治。刘刚（2020）采用室内抑菌试验和田间防效试验相结合的方法，研究了大黄素甲醚对刺梨白粉病的防治效果，证实大黄素甲醚对刺梨白粉病病菌的生长具有显著的抑制作用，田间防效明显，增产显著。浓度为 12.5~25.0 mg/L 的 0.5%大黄素甲醚与浓度为 166.7 mg/L 的 25%嘧菌酯 SC，对刺梨白粉病的抑菌作用和防治效果相当，且产量与增产率均显著高于 25%嘧菌酯 SC。

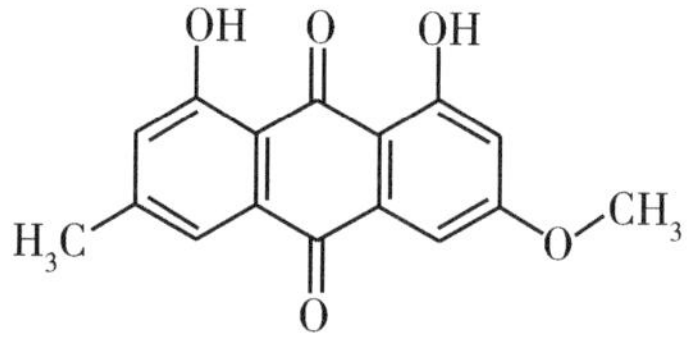

图 5-11　大黄素甲醚化学结构式

十、大黄酸

大黄酸（图5-12）为咖啡色针晶，是虎杖中的重要蒽醌类活性物质。研究表明大黄酸具有抑菌、抗纤维化、抗肿瘤、改善糖代谢异常、抗炎症等功效。在抑菌活性方面，大黄酸可抑制菌体线粒体呼吸链电子传递，对葡萄球菌、链球菌、白喉杆菌、枯草杆菌、副伤寒杆菌、痢疾杆菌等均有抑制作用。郭冶等（2020）发现大黄酸有预防或治疗作用，可抑制肌成纤维细胞增生及纤维胶原转运与合成，加速胶原溶解，减少胶原的形成与沉积，可逆转肝纤维化。在抗肿瘤方面，和莹莹等（2020）探讨大黄酸对非小细胞肺癌（NSCLC）A549细胞增殖、迁移和侵袭能力的影响，发现大黄酸可抑制A549细胞的增殖、迁移和侵袭能力，其作用机制可能与上调 Caspase-3、Caspase-9、Cyt-C 和 AIF 蛋白表达有关。

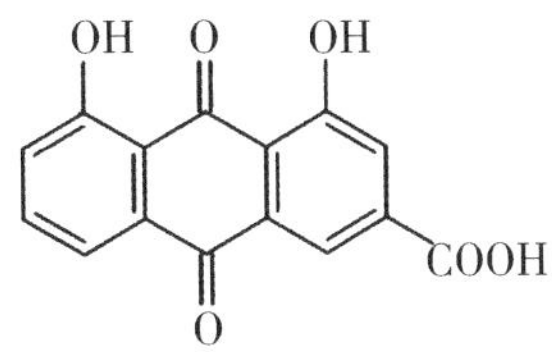

图5-12　大黄酸化学结构式

大黄酸还具有改善糖代谢异常，逆转胰岛素抵抗，有效防止糖尿病肾病的独到疗效及新的药效特点，是已知治疗糖尿病肾病药物所不具备的，并且安全性较好。龚伟等（2006）探讨大黄酸对 STZ 糖尿病大鼠肾组织转化生长因子 β（TGF-β）及其 Ⅰ 型（TβR Ⅰ）、Ⅱ 型受体（TβR Ⅱ）的影响及其可能作用机制，发现大黄酸可通过降低糖尿病大鼠血糖水平，一方面直接减少 TGF-β 的合成，另一方面通过抑制己糖胺通路异常活化，抑制 GLUT1 的产生及其功能活性，减少 TGF-β 的产生，从而下调 TβR Ⅰ、TβR Ⅱ 表达，降低肾内 TGF-β 系统活性，延缓糖尿病肾病的发展。

十一、大黄素-8-*O*-β-D-葡萄糖苷

大黄素-8-*O*-β-D-葡萄糖苷（图 5-13）是常见的蒽醌类化合物，能够从虎杖、何首乌等蓼科植物中提取获得，具有显著的抗肿瘤活性。李轶群等（2019）研究大黄素-8-*O*-β-D-葡萄糖苷对肿瘤细胞迁移以及荷瘤小鼠肿瘤转移的影响。细胞实验表明，大黄素-8-*O*-β-D-葡萄糖苷呈浓度和时间依赖性地抑制肿瘤细胞迁移，呈浓度依赖性抑制肿瘤细胞转移；小鼠实验结果表明，大黄素-8-*O*-β-D-葡萄糖苷对乳腺癌小鼠原位移植瘤转移具有抑制作用。研究结果表明大黄素-8-*O*-β-D-葡萄糖苷在体内外均表现出抑制肿瘤细胞迁移和转移的能力。李凯明等（2018）发现大黄素-8-*O*-β-D-葡萄糖苷对人肝癌细胞 HepG2 细胞活力具有明显的抑制作用，其机制与抑制细胞分裂增殖能力有关；大黄素-8-*O*-β-D-葡萄糖苷对荷肝癌 H22 移植瘤小鼠肿瘤具有显著抑制作用，且对小鼠免疫器官没有明显影响。刘素华等（2015）发现大黄素-8-*O*-β-D-葡萄糖苷能抑制人卵巢癌细胞系 SKOV3 细胞的增殖并诱导其凋亡，其作用机制可能与增加细胞 caspase 活性、下调 *Bcl*-2 基因的表达及上调 *Bax* 基因有关。

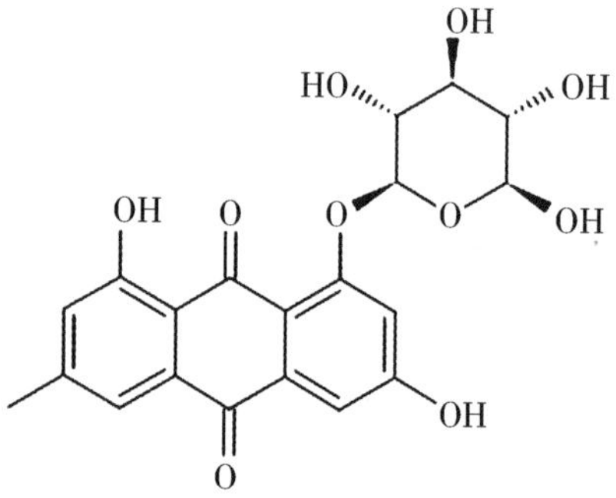

图 5-13 大黄素-8-*O*-β-D-葡萄糖苷化学结构式

十二、芹菜素

芹菜素又称芹黄素、洋芹素（图5-14）。是一种具有多种生物活性的黄酮类化合物。在自然界广泛分布，芹菜中含量较高，虎杖中也含有该物质。王玉明（2020）研究发现，芹菜素具有抗肿瘤、心脑血管保护、抗病毒、抗菌等多种生物活性。因其低毒性及潜在的抗氧化、抗炎和抗癌特性而被人们关注。在肺部损伤保护方面，王玉明发现芹菜素对脂多糖诱导的小鼠急性肺损伤的保护作用。在肿瘤抑制方面，王守梅等（2020）的研究显示，芹菜素可通过抑制肝细胞癌的细胞增殖、诱导细胞凋亡和分化、抑制肝细胞癌的侵袭和血管生成、增强化疗药物敏感性等而发挥抗癌作用。芹菜素有望成为未来的抗肝细胞癌药物或放化疗协同剂。

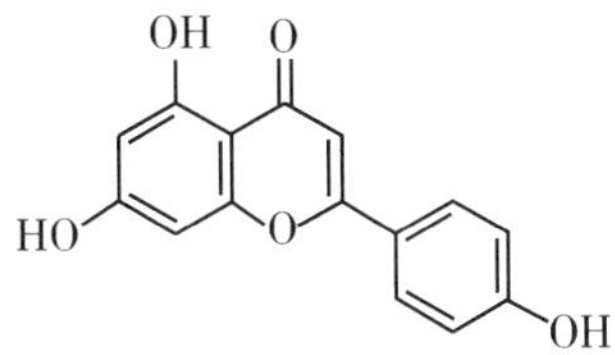

图 5-14　芹菜素化学结构式

十三、金丝桃苷

金丝桃苷（图5-15）为淡黄色针状结晶，是虎杖中的重要黄酮类活性物质，其熔点227~229 ℃，易溶于乙醇、甲醇、丙酮和吡啶，通常条件下稳定，具有保护脑血管、抗炎症等生理活性。富奇志等（2008）研究了金丝桃苷对缺血性脑血管病的神经保护效果，利用线栓法建立大鼠缺血再灌注模型，发现金丝桃苷能有效抑制大鼠缺血/再灌注早期 P、E-选择素的表达，有显著脑保护作用。杨莺等（2020）研究了金丝桃苷的抗炎效果，利用脂多糖诱导的巨噬细胞

RAW264.7构建炎症反应模型,分析对细胞给药后,一氧化氮(NO)含量和肿瘤坏死因子-α(TNF-α)、白细胞介素-1β(IL-1β)、白细胞介素-6(IL-6)、诱导型一氧化氮合酶(iNOS)的水平;检测细胞中TNF-α、IL-1β、IL-6和iNOS mRNA水平,以及p38、Sirt6的蛋白表达和核转录因子κB(NF-κB)p65的磷酸化水平。结果显示金丝桃苷给药组较模型组显著降低促炎因子NO、TNF-α、IL-1β、IL-6和iNOS含量,明显减少TNF-α、IL-1β、IL-6和iNOS mRNA水平,上调Sirt6表达,下调p38、NF-κB p65的磷酸化水平,表明金丝桃苷能够抑制脂多糖诱导的巨噬细胞促炎因子的释放,其作用可能与调控p38MAPK/Sirt6/NF-κB信号通路有关。

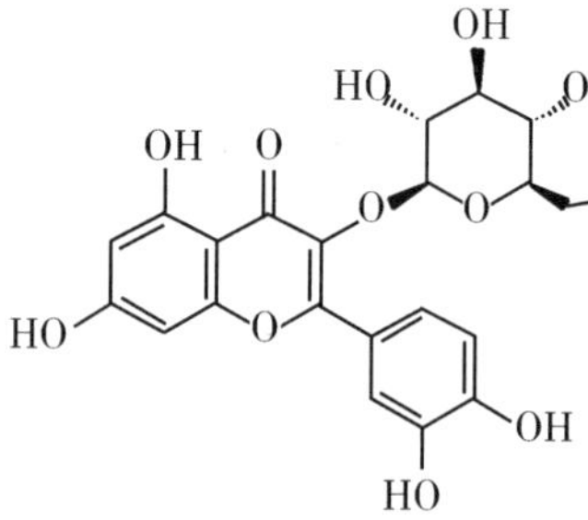

图5-15　金丝桃苷化学结构式

十四、木犀草苷

木犀草苷又名草苷为黄酮类化合物(图5-16),存在于包括虎杖在内的多种植物中。具有抗肿瘤、护肝及抗炎症等多种药理活性。沈琴等(2020)探讨了木犀草苷对皮肤鳞状细胞癌细胞增殖、迁移和侵袭的影响及其机制。利用不同浓度梯度木犀草苷处理A431人皮肤鳞状细胞癌细胞株,检测细胞中ST7L、p21、周期蛋白D1(CyclinD1)、基质金属蛋白酶-2(MMP-2)、基质金属蛋白酶-9(MMP-9)等基因蛋白表达水平,采用Transwell实验检测细胞迁移和侵袭能力。木犀草苷具有抑制皮肤鳞状细胞癌细胞增殖、迁移和侵袭能力,推测与木犀草苷促进 ST7L 基因表达有关。王秀芳等（2019）以昆明小鼠为对象，研究了木犀草苷对小鼠非酒精性脂肪肝病（NAFLD）的保护效果，利用小鼠构建非酒精性脂肪肝病模型，用木犀草苷对小鼠灌胃给药，4 周后处死小鼠，测定发现木樨草苷给药组血清甘油三酯（TG）、血清总胆固醇（TC）、天冬氨酸氨基酶（AST）及丙氨酸氨基转移酶（ALT）水平下降，血清及肝组织总超氧化物歧化酶（T-SOD）、谷胱甘肽（GSH）及丙二醛（MDA）水平升高，证明犀草苷减少非酒精性脂肪肝脂质的沉积，减轻氧化应激及炎症反应程度，对非酒精性脂肪肝具有较好的保护作用。李惠香等（2018）研究了木犀草苷的抗炎活性，木犀草素对脂多糖诱导 RAW264.7 巨噬细胞产生炎症介质 NO 和炎性蛋白 iNOS、COX-2 蛋白高表达表现出明显的抑制作用；木犀草苷对脂多糖诱导 RAW264.7 细胞 iNOS 蛋白高表达具有抑制作用，以上实验结果表明木犀草苷具有一定抗炎活性。

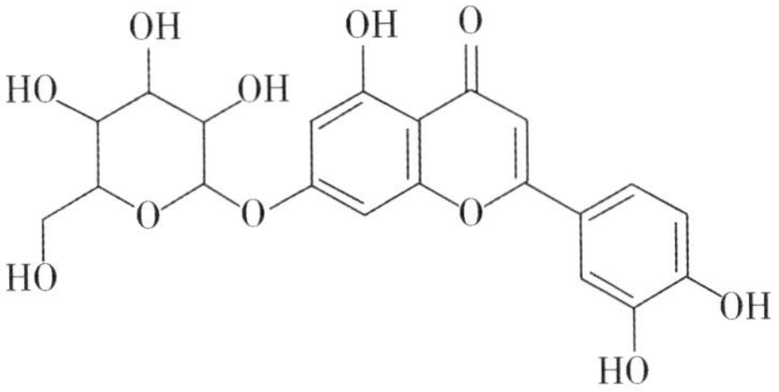

图 5-16　木犀草苷化学结构式

十五、番石榴苷

番石榴苷（图 5-17）为黄酮苷类化合物，主要存在于番石榴中，在虎杖中也含有该物质。番石榴苷主要生物活性为降糖作用。欧阳文等（2016）研究了番石榴苷的降糖活性，发现番石榴苷能显著促进脂肪细胞膜上 GLUT4 蛋白的表达、显著抑制游离脂肪酸的释放，降糖活性和抑制脂肪分解。

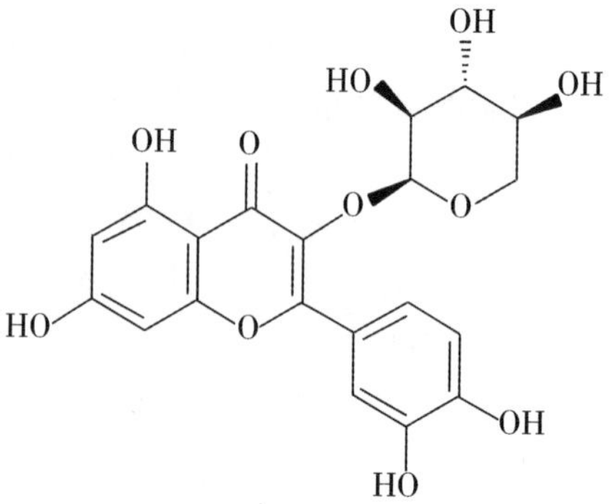

图 5-17　番石榴苷化学结构式

十六、槲皮素-3-葡萄糖苷

槲皮素-3-葡萄糖苷（图 5-18）为槲皮素-3-葡萄糖苷的衍生物。近年来对中药抗心肌缺血的研究是热点，研究显示槲皮素-3-葡萄糖苷抗心肌缺血作用。胡清茹等（2015）研究了槲皮素-3-葡萄糖苷对脑缺血-再灌注损伤大鼠的保护作用。采用线栓法制备大鼠脑缺血-再灌注损伤的动物模型。结果表明槲皮素-3-葡萄糖苷可明显改善

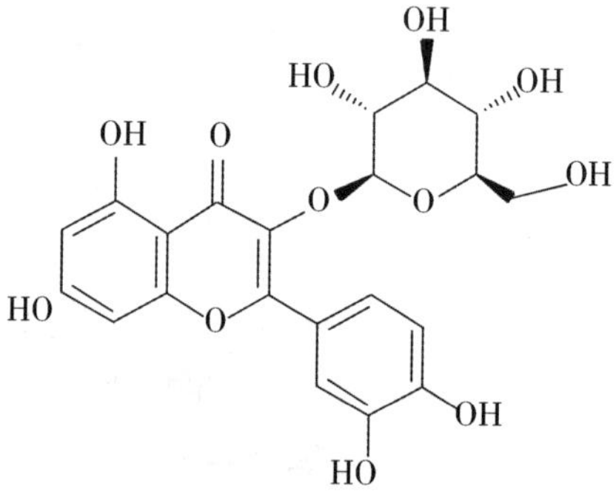

图 5-18　槲皮素-3-葡萄糖苷化学结构式

大鼠脑缺血-再灌注损伤，减轻缺血再灌注导致的脑水肿、氧化损伤和能量代谢障碍。刘敏等（2008）考察了槲皮素-3-葡萄糖苷对小鼠心肌缺血缺氧的保护作用。采用夹闭气管造成小鼠心肌缺氧模型，观察槲皮素-3-葡萄糖苷对气管夹闭小鼠心电持续时间的影响，采用皮下注射异丙肾上腺素致小鼠急性心肌缺血模型，结果显示 5 mg/kg、10 mg/kg 槲皮素-3-葡萄糖苷能明显延长气管夹闭小鼠的心电持续时间，升高心肌组织中乳酸脱氢酶及谷胱甘肽过氧化物酶的活性，并同时降低心肌组织中丙二醛的含量。剂量分别为 2.5 mg/kg、5 mg/kg、10 mg/kg 槲皮素-3-葡萄糖苷均能明显升高小鼠心肌组织中 SOD 活性。表明槲皮素-3-葡萄糖苷对小鼠心肌缺血缺氧具有一定的保护作用，其作用可能与提高机体抗氧自由基脂质过氧化有关。

十七、黄葵内酯

金雪梅等（2007）对虎杖的根及根茎粉末经过95%的乙醇回流提取，乙醚萃取，在乙醚萃取物中分离得到了黄葵内酯。黄葵内酯，又称麝葵内酯，为无色黏稠状液体，其结构式如图5-19所示。黄葵内酯具有强烈的麝香香气，浓烈而深邃，并赋予花香和甜味，留香时间长。由于本品有幽雅的麝香香气，故可作为麝香的代用品，用于麝香型或龙涎香型香精中。此外，由于黄葵内酯在极低浓度即能掩盖乙醇的气息，因此，它也可作为食用香精（一般均为乙醇溶液）的修饰剂（刘国声，1993）。

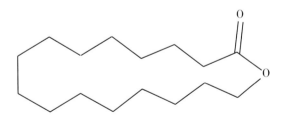

图5-19　黄葵内酯化学结构式

第六章 虎杖综合利用

第一节 虎杖功能性食品开发

一、功能性食品

1. 功能性食品的概念

功能性食品是强调其成分对人体能充分显示机体防御功能、调节生理节律、预防疾病和促进康复等功能的工业化食品（钟耀广，2004）。必须符合以下4条要求：①无毒无害，符合应有的营养要求。②功能必须是明确的、具体的，而且经过科学验证是肯定的。其功能不能取代人体正常的膳食摄入和对各类必需营养素的需要。③功能性食品通常是针对需要调整某方面机体功能的特定人群而研制生产的。④不以治疗为目的，不能取代药物对病人的治疗作用。

2. 功能性食品分类

钟耀广（2004）认为，功能性食品作为食品行业的重要组成部分，建议将功能性食品分别按照消费对象和科技含量进行分类。

根据消费对象可分为：①日常功能性食品，它是根据各种不同的健康消费群（如婴儿、学生和老年人等）的生理特点和营养要求而设计的，旨在促进生长发育、维持活力和精力，强调其成分能够充分显示身体防御功能和调节生理规律的工业化食品。②特种功能性食品，它着眼于某些特殊消费群的身体状况，强调食品在预防疾病和促进健康方面的调节功能，如减肥功能性食品、提高免疫调节的功能性食品和美容功能性食品等。

根据科技含量分类：①第一代产品，又称强化食品，它是根据各类人群的营养需要，有针对性的将营养素添加到食品中去。这类食品仅根据食品中的各类营养素和其他有效成分的功能，来推断整个产品的功能，而这些功能并没有经过任何试验予以验证。②第二代产品，又称初级产品，要求经过人体及动物实验，证实该产品具有某种生理功能。③第三代产品，又称高级产品，不仅需要经过人体及动物实验证明该产品具有某种生理功能，而且需要查清具有该项功能的功效成分，以及该成分的结构、含量、作用机理、在食品中的配伍性和稳定性。

二、虎杖功能性食品

1. 虎杖泡菜

虎杖茎叶采收于5月上旬开始，间隔2个月采割1次，一年采割3~4次，第一茬嫩茎可直接作为加工泡菜原料出售（戴明合，2019）。采用虎杖嫩茎，经洗净、焯水、去酸、脱盐、配料、泡制、罐装、灭菌而成。制作出的虎杖泡菜不仅具有独特的清香味，而且具有促进消化、清热解毒功效，适于作佐餐配菜（刘萍，2016）。虎杖也常用作野生蔬菜，口感松脆爽口，滋味微酸，具有独特的怡人清香，是一种难得的天然野菜。食用时只需洗净后剥皮、切段、拍碎，再用开水烫一下，然后加糖、精盐、味精、麻油或辣油等调料凉拌即可（田关森，2005）。常食之能止咽喉疼痛、利小便、强阳益精等（王新生，1995）。

湖北省三鑫生物科技有限公司以虎杖嫩茎为原料，加工成黄芽杆。黄芽杆口感酸爽、清香松脆、风味独特，不仅可以开袋即食，也可以滤水后炒瘦肉、炒鸡蛋、炒腊肠等来烹制菜肴。

2. 虎杖野菜干

以虎杖嫩茎作为食材，制成野菜干。具体制作方法是在虎杖刚长出地面时采收，剖开茎秆，清洗干净，热水焯一下，捞出晾干，加入甘草、辣椒，自然晾干即可食用。虎杖嫩茎去皮鲜食、晒干或经过泡制均可食用（彩图17）。

3. 虎杖笋罐头

春季虎杖抽生出来像芦笋一样的嫩茎，即虎杖笋，虎杖笋营养丰富，研究表明每100 g虎杖鲜笋中，含水分95.6 g，蛋白质2.41 g，脂肪0.11 g，纤维0.86 g，碳水化合物0.44 g，维生素C 118 mg，维生素B 0.19 mg，胡萝卜素4.94 mg。虎杖笋作为一种药食同源的野菜，口感松脆爽口，味道酸爽开胃，具有独特的怡人清香，是一种难得的天然野菜。剥去纤维状外皮，将其生半或煮沸后在水中浸泡半天，经过预处理、预煮、装瓶、杀菌等工序，可将其制作成罐头，生产的虎杖笋罐头笋丝呈淡黄色、笋肉脆嫩，具备"营养、药用、美味"的特点，颇受大众欢迎。

4. 虎杖红油竹笋

包宗春（2017）开发了一种虎杖红油竹笋的加工方法，具体可分为以下4步。

①原料处理。新鲜的竹笋用清水清洗干净，然后用刀将清洗干净的竹笋切成薄片。

②漂煮。

③配料。包括制作红油配料和含有中药组合物的卤液；所述中药组合物按重量份计由以下组分组成：虎杖30~50份、菟丝子20~40份、石斛20~35份、田七10~20份、野菊花10~30份。

④卤制。将竹笋置入坛子里，然后在竹笋的表面上撒上一层花椒和味精，然后将坛口用塑料袋密封起来，30~50 d后取出，将竹笋从坛子中取出后，倒入盆子当中，然后再加入配料并且搅拌均匀。本方法制作的虎杖红油竹笋味道佳、营养价值高。

5. 虎杖豆腐

豆腐是中国传统食品，味美而养生，也是素食菜肴的主要原料，被誉为"植物肉"。其多用黄豆、黑豆等含蛋白质较高的的豆类制作。虎杖豆腐采用具保健效果的虎杖为原料，把虎杖和黄豆破碎磨浆，充分搅拌调配制成混合浆，然后经过煮浆、点浆、蹲脑、破脑、浇制、压榨、冷却等多道工序制作而成（刘三保，2013）。成品虎杖豆腐持水性好、口感细腻，还具有清热解毒、祛风利湿、止咳化痰、调节血糖的功效，富含蛋白质、维生素以及多种微量元素。

6. 虎杖香腐乳

刘三保（2013）开发了一种采用具保健效果的虎杖为原料，经制浆、调浆、制坯、接种、腌制、罐装、检验等工序制作而成的虎杖香腐乳，其特点是将虎杖的保健成份融入腐乳中。成品虎杖香腐乳营养丰富，质地细滑，口感细腻，佐餐时，不仅可增进食欲，帮助消化，而且具清热解毒、祛风利湿、止咳化痰、强阳益精之功效，富含多种人体必需的氨基酸、不饱和脂肪酸、维生素及矿物质。

7. 虎杖红薯粉丝

由于禾谷类淀粉和薯类淀粉原料的直链淀粉总量较低，且不溶性直链淀粉含量也较低，导致其产品煮沸损失大，抗拉强度、耐剪切强度小，耐煮性差。因此，在以禾谷类淀粉和薯类淀粉为原料生产粉丝的过程中，通常加入明矾作为增筋、防粘连剂，以增强粉丝的韧性和耐煮性。目前我国许多红薯粉丝产品中铝的含量一般都超过300 mg/kg 干样品，明矾中含有对人体有害的铝离子，长期食用含有铝离子的粉丝，对人体健康有害，会使人体骨骼系统、肾脏和神经系统损害严重，孕妇食用明矾过量，还会影响胎儿脑部组织发育。包宗春（2017）开发出一种耐煮无矾虎杖红薯粉丝及其制备方法，所述的耐煮无矾虎杖红薯粉丝以红薯淀粉 69～97.5 份、豌豆淀粉 1.5～30 份、魔芋精粉 1～4 份为原料和虎杖超微粉 2～5 份为原料。其制备方法是将红薯淀粉和豌豆淀粉混合进行酸浆预处理后再加入魔芋精粉和虎杖超微粉，搅拌后按照常规制粉步骤进行制粉。虎杖红薯粉丝不仅具有无矾、不断条、顺滑筋道、耐煮不浑汤、黏弹性好，感官品质可与传统的红薯粉丝相媲美的特点，而且因添加中药虎杖而使该产品具有一定的保健价值，具有广阔的市场前景。

8. 虎杖五色花米饭

五色花米饭是布依族的特产，布依人在庆祝节日或举行隆重的活动时，都少不了五色花米饭的身影。花米饭色彩鲜艳，一般有红、黄、紫、黑、白五色，不同颜色皆由植物根茎的汁液染色而成。虎杖就是其中的一种染料，将虎杖洗净，再放入锅中煮，就可以制作出红色染汁（顾英楷，2018）。花米饭的黄色、紫色和黑色分别由蜜蒙花、紫背天葵草和枫香叶负责染色。这四种染汁都是由天然植物制成，含有人体所需的各种元素，具有一定的药用价值，《本草纲目》中有记载，虎杖可祛风利湿、散瘀定痛、止咳化痰。因此，五色饭不仅色彩鲜艳，清香可口，更是开胃去火、强筋益气的佳肴。

花米饭色泽鲜艳、五彩斑斓，喜甜食的再加上一点蜂蜜，又香又甜的花米饭清香四溢、味道纯正且富有植物的清香，吃起来清香可口、令人回味无穷。花米饭可蒸热吃，也可凉吃，做好的花米饭如果吃不完，还可以做成小饭团，或晒干后收藏起来。将小饭团油炸后，不仅外观好看，而且色香味极佳，晒干后的花米饭，也可以用开水泡成花米粥。

9. 虎杖腌鸭蛋

现在制作咸鸭蛋，是在鸭蛋裹上一层用木灰和浓盐水混合成糊状物，但古人制作却不是这样。北魏贾思勰《齐民要术》卷六记载一种"作杬子法"的方法，杬木是一种乔木，将树皮煎成汁可用来贮藏和腌制水果、蛋类，且有染色和抗腐的功能。用杬木皮汁制作成的鸭蛋，故咸鸭蛋古称"杬子"。如果没有杬木，用虎杖根也可以，宋人正是用虎杖来制咸鸭蛋的，陆游《老学庵笔记》卷五："《齐民要术》有咸杬子法，用杬木皮渍鸭卵。今吴人用虎杖根渍之，亦古遗法。"可见，虎杖可作一种红色的天然植物染料，以之渍成的咸鸭蛋黄为红色（圣晶，1999）。

10. 食品包装材料

虎杖的主要活性成分包括有蒽醌类、芪类、酚类和黄酮类化合物等（张喜云，1999）。虎杖黄酮可作为食用色素用于食品包装材料（黎彧，2006），可部分代替合成色素，生产儿童用品包装纸和食品包装用纸，减少合成色素对人体造成的危害，也可作为功能性添加剂用于保健食品。

宋晓岗等（1996）利用良姜、虎杖、百部、甘草等几种中草药及其复合保鲜纸对鸭梨保鲜的效果进行了研究。研究发现使用中草药粉末涂布的保鲜纸来进行保鲜包装，具有良好的保鲜作用，它能阻止水份散失，可以起到良好的杀虫、灭菌作用，创造适宜保鲜的生化条件，可以防止果蔬霉烂变质，使其保鲜保质性能远远超过现有的果蔬保鲜包装纸。这种纸张制造方法简单、取材方便、成本低廉，另外这种纸易自然降解、不污染环境，其经济效益和社会效益十分明显。

11. 虎杖调味料

（1）虎杖酱油

酱油是中国传统的调味品，能增加和改善菜肴的味道，还可以改变菜肴的色泽，中国古代劳动人民在数千年前就已经掌握酿制工艺。虎杖酱油选取新鲜虎杖的根茎，清洗干净后粉碎，制成糜浆，再与小麦粉、黑豆粕共同酶解，通过发酵、过滤等工艺方法，制作虎杖酱油（青岛益邦瑞达生物科技有限公司，2017）。由此制得的虎杖酱油具强阳益精、清热解志、补气健脾之功效，色泽红褐、酱香浓郁、香味独特，鲜味纯正。

（2）虎杖食醋

食醋作为常用的一种液体酸味调味料，不仅局限在烹饪中使用，也可以作为营养饮品、保健品。虎杖食醋，采用具清热解毒、止咳化痰、强阳益精的虎杖根茎（刘三保，2014），配以小麦与玉米，经预处理、混合、酒精发酵、醋酸发酵、陈酿、淋醋、勾兑、杀菌、罐装等工艺制作而成，将虎杖的营养保健成分溶于醋中。虎杖食醋的成品色如琥珀、酸中带甘、醇香爽口，具清热解毒、止咳化痰、强阳益精的功效，可作为人们日常调味品使用，也可作为特殊人群的口服保健液。

12. 虎杖甜品

（1）虎杖饼干

桂玉平（2014）提出了一种防治高血脂的保健饼干及其生产方法，该方法是由下述重量份的原料制成：低筋面粉80~100、黄油10~12、青稞粉20~40、脱脂奶粉8~10、牛奶根5~6、合欢皮2~4、大麦秸2~3、罗布麻叶1~3、洛神花3~4、手掌参2~4、虎杖叶1~

3、竹叶兰3~5、木糖醇适量、营养添加剂8~10。该方法操作简单、配方合理、营养全面，采用牛奶根、合欢皮等多种中药成分作为原料，以木糖醇取代传统白糖作为甜味剂，使得本发明产品口味清新醇和，增添了保健饼干的新口味，具有舒筋活血、清痰浊湿阻降血脂的功效，适用于防治高血脂疾病。

此外，安徽金禾粮油集团有限公司（2013）研制出了一种补肾健脾饼干，并申请了专利其制作由以下重量份的原料制成：豌豆60~70、薏仁55~60、藕粉30~40、冬虫夏草1~2、虎杖2~3、牛筋草1~3、玉兰花3~4、洋葱15~25、猪肾35~45、豆浆20~30、橄榄油6~10、紫菜6~9、营养添加剂1~2、水适量。补肾益脾饼干采用豌豆、薏仁、藕粉作为主原料，豌豆味甘、性平，归脾、胃经，具有益中气、止泻痢、调营卫、利小便之功效；藕粉性温味甘，有益胃健脾、养血补益、止泻功能。猪肾含有锌、铁、铜、磷、维生素A、B族维生素、维生素C、蛋白质、脂肪、碳水化合物等成分，具有补肾疗虚、生津止渴的功效；冬虫夏草味甘，性温，归肺、肾经，温和滋补，具有补肺气，益肾精的功效。

（2）虎杖抹茶蛋糕

由于蛋糕含脂、含糖较高，长期食用容易引起高血脂高血糖。随着人们越来越追求健康的饮食方式，刘凤琪（2015）研制出了一种以胖血藤、虎杖与白茯苓为主要原料的抹茶味蛋糕，该蛋糕不但满足人们喜爱吃蛋糕的需求，同时也推动了现在人们更加关注的健康饮食问题。

（3）虎杖面包

在面包制作过程中，选用虎杖、红枣、玫瑰花、莲藕淀粉、小麦粉为原料，提出了一种虎杖玫瑰保健面包的制作方法。成品具有虎杖、红枣和玫瑰花特有的香味，同时富含植物蛋白与维生素等有益成分。此外，刘三保（2013）还提出了一种虎杖红枣保健面包，选用虎杖、红枣、莲藕淀粉、小麦粉制成，成品具有虎杖、红枣特有的香味，同时富含植物蛋白与维生素等有益成分。相较于上一种食物，其去除了玫瑰花，可供不喜玫瑰味的人食用。

13. 虎杖饮品

（1）虎杖酒

一般指由虎杖根泡制而成的酒精性饮品。

王胜利等（1994）发明了一种用于治疗急、慢性颈肩腰腿痛、劳损伤和风湿痹症等疾病的虎杖酒。虎杖酒是由食用白酒和中药虎杖制成，其生产方法是工业发酵法或浸泡法或勾兑法，所用白酒含醇量是35%~45%。该发明具有可工业化生产、成本低廉、用法简便、疗效好、无毒副作用等优点，它作为一种饮食疗法，开辟了治疗上述疾病的新途径。

朱杰成等（2017）研究发明了一种治疗风湿骨病的虎杖酒，它是由以下重量份的原料组成：虎杖（50~100份）、辣椒（25~50份）、川乌（40~60份）、草乌（40~60份）、细辛（40~60份）、川芎（40~60份）、透骨草（30~45份）、海桐皮（34~45份）、威灵仙（30~45份）、红花（30~45份）、桑枝（30~45份）、伸筋草（30~45份）、桂枝（30~45份）、秦艽（30~45份）、花椒（30~45份）、艾叶（30~45份）、防风（30~45份）、羌活（60~90份）、木瓜（60~90份）、独活（60~90份）、怀牛膝（60~90份）、乳香（40~60份）、没药（40~60份），与65°高粱酒（15 000~20 000份）炮制而成，组方中的各种原料都易获得，成本低，制作简单，对于风湿骨病有显著疗效，适合各种人群使用。

王仕珍（2015）发明了一种虎杖酒及其制备方法，其药效成分主要包括：虎杖（200~300份）、枸杞（30~50份）、金银花（30~50份）、米酒（800~1 200份）。本发明公开的虎杖酒具有活血散瘀、清热解毒等功效，可散瘀定痛，止咳化痰。

蒋勇（2011）发明了一种银杏虎杖保健酒及其制备方法，利用天然植物银杏的提取物与虎杖的提取物白藜芦醇为主要原料配制银杏、虎杖保健酒的方法。配料还包括天然产物薄荷、黄芪、枸杞、当归、党参、红枣的浸提液、蜂蜜、冰糖。该酒利用绿色天然产物提取物及浸提液配制而成，不但芳香、甘醇，还对预防心脑血管疾病、保肝护肝、美容、预防肿瘤、强身健体有特别功效，具有良好的社会效益。

包宗春（2017）利用虎杖开发了止咳化痰的虎杖中药酒，该酒以虎杖和糯米为原料制备而成，一方面保留了虎杖的药效作用，具有利湿退黄，清热解毒，散瘀止痛，止咳化痰的功效。可用于湿热黄疸，淋浊，带下，风湿痹痛，痈肿疮毒，水火烫伤，经闭，症瘕，跌打损伤，肺热咳嗽，为一种保健酒。另一方面以糯米发酵的甜酒酒精含量低，可适合更多的人服用，更能为大众接受。

虎杖根酒有治疗风湿性关节炎、类风湿、腰椎肥大、骨关节炎等症之功效（窦国祥，1974）。其原料比例为虎杖：白酒=1：3（质量比）；制作过程为虎杖根洗净切片后泡制，封缸半月后启用，可加少许赤砂糖着色；服用剂量为成人每次饮15 g，每日饮两次，可佐餐服用。服用忌宜：酒精过敏、慢性肝炎患者禁用；孕妇禁用（出自《药性论》）；妇女行经期停用（出自《千金方》《圣惠方》）。

① 虎杖提取物酒——白藜芦醇酒。白藜芦醇是一种非磺胺类多酚类化合物，主要来源于花生、葡萄（红葡萄酒）、虎杖、桑椹等植物。其具有抗菌消炎，预防心血管疾病，也有抗肿瘤、抗癌的功效（李洁等，2013；中国营养学会，2013）。

最为常见的白藜芦醇酒为市面上的葡萄酒，但是由于各葡萄庄园的土壤气候不同，故目前没有具体测量葡萄酒中白藜芦醇含量的相关实验论文。由于白藜芦醇药用价值高，同时白藜芦醇的天然野生资源匮乏，而中药虎杖是工业生产白藜芦醇极为重要的原材料之一，白藜芦醇的产量较高，但因虎杖的中药材性质，以虎杖为原料提取的藜芦醇在国际市场上难以得到认可。葡萄中白藜芦醇的含量很低，但其以安全无毒，食用历史悠久，且生物活性更优的特点成为最受欢迎的白藜芦醇天然保健品的重要原料。故目前以虎杖为原料提取出的白藜芦醇多为冒充葡萄为原料提取的白藜芦醇而应用的药品、保健品及食品等行列。

② 一种干型葡萄红曲黄酒。田玉庭等（2016）发明了一种干型葡萄红曲黄酒及其酿造方法，属于黄酒酿造技术领域。该红曲黄酒中总花色苷含量为 27.1 ~ 61.5 mg/L，白藜芦醇含量为 2.14 ~

4.06 mg/L，总糖含量≤12 g/L，是通过在传统红曲黄酒的酿造过程中添加红葡萄酒发酵醪进行混酿制备而成，其过程包括红曲黄酒主发酵、红葡萄酒主发酵、低温循环混酿、板框压榨、超滤和陶坛陈酿等步骤。该发明将超高压处理后的葡萄带皮发酵醪与红曲黄酒主发酵醪进行混合，运用低温循环发酵工艺，并添加适量漆酶以去除过量多酚，增加产品的贮藏稳定性，生产出一种干型葡萄红曲黄酒。

（2）虎杖茶

虎杖作为一种中药材本身具有利湿退黄，清热解毒，散瘀止痛，止咳化痰的功效。虎杖本身作茶主要作为外敷药物，虎杖根与茶配用可清热解毒，消炎敛疮。主治烧烫伤。虎杖与其他药材混合后制成的茶制剂发挥的功效也与原虎杖功效有所不同，本段将介绍部分茶制剂。由于身体体质有所差异，每人对中药材身体接受程度不同，固具体功效与用量请谨遵医嘱。

1）金钱草虎杖茶

金钱草虎杖茶是将虎杖根与大金钱草一同研磨冲泡制成（王浴生等，1983）。

金钱草虎杖茶具有消炎利胆、排石止痛之功效

原料比例：虎杖根：大金钱草：沸水＝3：6：100（质量比例）。

制作过程：虎杖根、大金钱草研磨成粉混合，沸水冲泡20 min，代茶饮用。

服用忌宜：脾胃虚弱、食少、大便不实者忌用。

2）虎杖艾叶茶

虎杖艾叶茶是将虎杖与艾炭一同研磨冲泡制成（缪正来，1991）。

虎杖艾叶茶具有祛风利湿、行瘀止血之功效。

原料比例：虎杖：艾炭：沸水＝20：3：150（质量比例）。

制作过程：虎杖、艾炭混合捣碎，沸水泡闷15 min后，分2~3次代茶饮用。

服用剂量：每日1剂。

服用忌宜：恶露量多，色鲜红，心烦易怒者忌用。

3）虎杖芄独茶

虎杖芄独茶是将虎杖、独活、秦艽一同研磨冲泡制成（缪正来，1991）。

虎杖芄独茶具有清热利湿、活血通经之功效。

原料比例：虎杖：独活：秦艽：沸水＝20：10：9：150（质量比例）。

制作过程：虎杖、独活、秦艽混合捣碎，沸水泡闷 20 min 后，代茶饮用。

服用剂量：每日 1 剂。

服用忌宜：孕妇不宜服。

4）虎杖速溶茶

重庆市富友畜禽养殖有限公司（2015）发明了一种由虎杖提取物与红茶提取物相结合而成的速溶茶。该虎杖速溶茶按重量份计由 2~10 重量份的虎杖提取液和 20~40 重量份的红茶提取物制备而成。虎杖速溶茶具体制备方法为：将虎杖提取液和红茶提取物分别采用分子量为 5 000~7 000 的超滤膜过滤，再经反渗透浓缩至固形物含量为 40%~50%，将浓缩后得到的两种组分混合均匀，冷冻干燥即可。该虎杖速溶茶具有改进的味道，品尝基本无中药苦味、涩味，闻没有中药异味，适合长期饮用。由于红茶经由单宁酶发酵制得，进而降低了红茶的苦涩味道。虎杖速溶茶冲泡后的茶品饮料清澈无沉淀，宜于每日饮用。

5）虎杖花粉茶

陈林等（2014）发明了一种虎杖蜂花粉茶，主要由下列按重量份配比的材料加工制成：虎杖 15~20 份、蜂花粉 10~15 份、蜂王浆干粉 5~10 份、白术 8~12 份。本发明组份材料中，富含黄酮及多种微量元素，因而有调节人体免疫功能，降低血糖、血脂等功效，对于体质虚弱、高血糖等人群服用具有显著功效。而且本发明的原料易购，加工简单，适合工厂化生产，能带来较为可观的经济效益。

6）虎杖花茶

四川同道堂药业集团股份有限公司（2011）发明了一种虎杖花

茶及其制备方法，其中包含虎杖花及绿茶成份，虎杖花与绿茶按重量比为虎杖花30%，绿茶70%。其具体制作方法为：采集新鲜的虎杖花并选取色泽佳的绿叶进行摊晾、杀青处理，并在杀青后揉捻、低温鼓风干燥，将绿茶杀青与干燥处理；然后将的虎杖花与绿茶按重量比例混合制成虎杖花茶。该虎杖花茶汤色嫩绿，清香微甘，含有大黄素、大黄-8-O-β-D-葡萄糖苷、大黄素甲醚-8-O-β-D-葡萄糖苷三种蒽醌类化学成分，具有利胆、解痉、抗高血压、消化性溃疡等作用。可见，该发明可充分利用虎杖资源，开拓了虎杖综合利用的新途径，向人们提供了一种新的健康饮品。

7）虎杖玉兰茶

是将虎杖叶与玉兰叶一同研磨冲泡制成（南京中医药大学，2006），原料比例为虎杖叶：玉兰叶：沸水＝1：1：300（质量比例）。具体制作过程是虎杖叶、玉兰叶混合研为粗粉，沸水泡闷20 min后，代茶饮用。虎杖玉兰茶具有破瘀消痈之功效。服用剂量为每日1剂。孕妇及脾胃虚弱者忌用。

8）虎杖绿茶保健饮料

重庆市富友畜禽养殖有限公司（2015）研制了一种虎杖绿茶保健饮料，具体组分重量分数为：虎杖提取液3~6份，绿茶提取液1~5份，蔗糖1~5份，冰糖3~5份，蜂蜜1~3份，阿斯巴甜0.01~0.03份，柠檬酸0.1~0.3份，苹果酸0.03~0.08份，羧羟基纤维素钠（CMC-Na，耐酸性）0.03~0.08份，果胶0.01~0.07份，黄原胶0.1~0.3份，β-CD 0.05~0.2份。该饮料采用药食同源的虎杖和绿茶提取液，加入糖、蜂蜜、柠檬酸、苹果酸调味，杀菌得饮料，加工工艺简单易行。该饮料无苦涩味，储藏不出现分层和沉淀现象。具有凉血透表、清热解毒的作用，特别适用于野外工作、外出旅游等人群。

9）虎杖降糖降脂保健茶

苏赵珍（2015）利用虎杖可降低血清总胆固醇，能清理血液垃圾的功效，再加上一些口感清淡的能活血化瘀，对脂肪和血清甘油三酯均有明显降低作用的中药材，发明了一种虎杖降糖降脂保健茶。该保健茶各种组分的重量份数分别为：虎杖 10~50 份，熟地 10~20 份，茯苓 10~20 份，丹参 10~20 份，当归 10~20 份，瓜蒌 10~20 份，佩兰 10~20 份，绞股蓝 10~20 份，桑白皮 10~20 份，丝瓜络 10~20 份，山茱萸 10~20 份，郁金 10~20 份，刘寄奴 10~20 份，决明子 10~20 份，白术 10~20 份，石韦 10~20 份，鱼腥草 10~20 份，徐长卿 10~20 份，黄精 10~20 份。

10）虎杖外耳道疖保健茶

江月锋（2012）研究发明了一种虎杖外耳道疖保健茶。具体制作方法为：首先将虎杖 18 g、金银花 17 g、蒲公英 15 g、紫花地丁 11 g、连翘 15 g、夏枯草 12 g、茶叶 33 g 切丝洗净烘干后，用粉碎机粉碎；将上述粉末先过 30 目筛，再过 50 目筛，取中间物。其次将茶叶粉碎为茶粉后与上述粉末混合，拌匀。最后用分装机以滤茶纸包成小袋，制得虎杖外耳道疖保健茶。该虎杖外耳道疖保健茶制备方法简单，携带方便，冲泡效果好，具有清泻肝胆、利湿消肿的功效，冲泡饮用后能帮助人们清泻肝胆，利湿消肿，减少肝胆湿热上蒸的发生，从而减缓外耳道疖。

11）虎杖节节菜保健茶

彭超昀莉（2017）发明了一种虎杖节节菜保健茶的制备方法。其特征在于，所述的虎杖节节菜保健茶，采用新鲜优质的虎杖根、节节菜为原料，分别预处理后经过热萃取、浸提、调和、浓缩、沉淀和无菌灌装等步骤，能够有效减少原料营养成分的流失，提高原料的利用率，使制得的保健茶营养价值更高，不仅保留了原料的原始风味，增加了营养成分，还具有清热解毒、祛风利湿、散瘀定痛、止咳化痰等保健功效。

12）虎杖银杏保健茶

蒋勇（2011）发明了一种虎杖银杏保健茶饮料及其制备方法。它的配料是采用茶叶提取液、荷叶提取液、薄荷提取液、银杏叶提取物、蜂蜜、白砂糖、虎杖提取物白藜芦醇、按一定配比经原料提纯、调制等精加工而成。该保健饮料充分利用本地丰富的银杏及虎杖资源，把食品和健康有机结合起来，让人们同时品尝茶饮料的茶香、清香、清爽、甘甜。

13）虎杖甘草保健茶

永见浩龙（2003）发明了一种保健茶饮料及其制备方法，具体说是一种含有虎杖和甘草的保健茶及其制备方法。该发明以古人刘永泰虎杖、甘草解百毒为主，依君臣作使之原则，配上了灵芝、冬虫夏草、白果叶、人参花、蜂蜜、绿茶等其他成分，形成了虎杖甘草保健茶，该茶既可以增强人体免疫力，又可以预防肺癌、白血病、艾滋病等疾病。

第二节　虎杖在种植业中的应用

一、虎杖有机肥

将虎杖提取和加工后的废料与粉碎后的秸秆混合作为有机肥，施用于土壤可使生土加速转化为熟土，从而提高土壤肥力。需要注意的是：秸秆或药渣如果未能完全分解，其中的铵浓度较高，不仅起不到促进生长的作用，反而还会抑制植物的发芽（O'Brien et al.，1997）。需先将混合后的虎杖渣与秸秆进行混合发酵，对二者进行微生物混合发酵，待二者分解腐烂，即可作为富含 N、K、P，可替代化肥的有机肥（袁琪等，2019）。

在大豆种植中，采用虎杖残渣与羊粪、鲜地瓜藤、发酵稻糠、复合生物菌、硼砂、大黄提取物、醋谷胺进行发酵生产的有机肥。其中含有的微生物及其分泌物虎杖苷，可有效促进大豆植株根系对养分以及无机元素的吸收，显著提高了叶片叶绿素含量，增强光合能力，有效增加土壤微生物的数量并供给其所需碳源，吸收充足的碳源和氮源，促进根系向地上部运输氮营养，促进大豆植株健壮生长，进而可提高大豆产量，改善大豆品质（范成珍等，2017）。

在灰树花栽培中，将虎杖滤渣 50%～80%，黄柏滤渣 30%～60%，八月瓜籽废渣 10%～30%，蔗糖 0.8%～2.5%，尿素 0.5%～1.5%，生石灰 0.5%~1.5%，充分拌匀，培养基含水量掌握在 65%~75% 进行拌料装袋，每袋装培养基 200~1 000 g，马上进行灭菌，采用 121 ℃高压蒸汽灭菌 30~50 min，待袋装培养基冷却、接种，将基质降温冷却至 25 ℃时进行灰树花接种，培养得到灰树花。该基质利用了虎杖中存在大量的黄酮类物质，有效提高了灰树花药材中药性成分的含量，便于患病人群药用，也有效防止了因人工栽培灰树花造成品质下降的问题。该基质生产成本低，便于规模化生产（董爱文等，2017）。

对于虎杖药渣发酵成有机肥的报道较少，鉴于中草药之间组成基本都为粗纤维、粗蛋白、多糖、氨基酸等（黎智华等，2017），有机肥的营养成分也大同小异，对其他中药药渣的应用实例也有一定参考价值。周林山等（2016）为了验证黄芪发酵的生物有机肥的肥效，以供试甘蓝型油菜为研究对象，施用各种无机肥与黄芪药渣肥作对比，观察油菜长势，菜籽品质等方面。结果表明，黄芪药渣肥对油菜长势、产量、品质方面的影响与其他无机肥的差异不显著，肥效达到了无机肥或市售生物有机肥的水平，利于提高油菜籽品质。何佳芳等（2015）利用发酵后夏枯草药渣进行白菜育苗试验，发现白菜出苗率高，幼苗整齐度高、壮苗指数高，减少了对不可再生资源的依赖。冯龙（2018）则通过对多因素的分析对夏枯草药渣开展了进一步研究，并选定了发酵中药渣的特定复合菌种，不仅能够实现药渣中有效资源的最大化利用，而且对大白菜的生长、品质提高效果更加显著。同时他还指出，中药渣有机肥与适量无机肥混合使用效果更好。

二、虎杖栽培基质

食用菌常规培养基主要以棉籽壳、木屑为主。近年来基质原材料价格的不断上涨，导致栽培成本不断提高，寻找新的基质来替代是降低食用菌栽培成本的有效途径（陈学强等，2009）。朱杰等（2013a）利用虎杖药渣作为常规培养基中新添加成分，采用 9 种不同的组合配方对杏鲍菇进行培养，并对培养后培养基中的菌糠成分进行测定，发现其在有机饲料和与无机互混肥中还有二次利用价值，培养的杏鲍菇中还能吸收药渣中的白藜芦醇，起到一定的养生保健疗效。

孙兆法等（2008）在浇水方法和施肥条件不同的条件下比较中药渣、泥炭两种基质对"一品红"生长和品质的影响，结果显示，即使在施水、施肥量少于泥炭基质的情况下，施用药渣的"一品红"生长和品质未受到影响。因此，可以用中药渣来代替泥炭作基质。

张跃群等（2009）以中药渣有机基质配不同比例的无机基质去种植番茄，以得到最适合的配比，结果显示 75% 中药渣+10% 蛭石+15% 珍珠岩是最适合番茄生长的中药渣有机基质配比。对于使用后的药渣基质，还可与秸秆混合再次回田改良土壤，继续种植新的中草药作物等。这种循环利用模式（图 6-1）不仅可以控制农业废料对环境污染，还可促进有机生态农业的持续发展，进而带来巨大的经济、生态效益（康大力等，2019）。

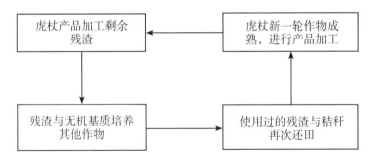

图 6-1　虎杖残渣循环利用模式流程

李为民等（2015）开发了一种利用虎杖渣栽培杏鲍菇的培养料及制备方法，它由虎杖渣、玉米芯、木屑、麸皮、玉米粉、豆粕、石灰、石膏按比例混合制成。虎杖渣粗细适中，适合液体菌种生长，因此，用虎杖渣替代部分传统培养料，既能为杏鲍菇提供其所需的碳源、矿物质等，使之成为培育杏鲍菇的优质原料，还可以实现变废为宝，解决虎杖渣随意堆置与焚烧对环境和空气造成的污染，提高了资源利用率。该方法使杏鲍菇工厂化生产周期大大缩短，成本大幅降低。

三、虎杖制备农药抗菌剂

有研究对虎杖提取物及其有效成分白藜芦醇的农药活性进行测定，测定结果表明，白藜芦醇在植物体内对烟草花叶病毒（TMV）表现出良好的活性，且活性高于商用抗 TMV 剂利巴韦林。虎杖提取物和白藜芦醇也具有杀真菌、除草和杀虫活性（Yang et al.，2019）。将虎杖提取物与植物肥料进行混合施用，可有效抵御一些植物的病虫害。

虎杖提取物也可和乙烯利、多效唑、烯效唑、萘乙酸、二甲基戊二酸、抗倒酯或甲哌鎓中的一种形成复合型农药。组合物对防治多种农作物中的细菌和真菌性疾病都有较高活性，并可刺激作物根系发育、促进作物生长，改善作物品质（张伟等，2016）。

虎杖提取物还可和其他物质配比制成植物生长调节剂。用乙醇将虎杖中的有效成分提取出来后，将干柠檬皮和干柑橘皮清洗，烘干，粉碎，置于淘米水中，加热至 60 ℃，浸泡 12 h。再向淘米水中加入羧甲基纤维素钠，搅拌均匀，得到螯合剂。将邻硝基苯酚钠、对硝基苯酚钠、5-硝基愈创木酚钠和硝酸钾混合，加入 3～5 倍重量的水，均匀混合，再烘干至水分为 5%～8%，粉碎，得混合物。把混合物、虎杖提取物、尿素和激活剂混合均匀，粉碎，过 200 目筛，制得螯合型植物生长调节剂。该生长调节剂可以使作物根系发达，茎秆粗壮，增强根系活力，加快营养的吸收，提高植物的抗病能力，促进植物细胞生长，进而促进作物增产增收（史钧瑜和胡嵩，2017）。

张伟等（2016）开发了一种含虎杖提取物的高效杀菌组合物，含虎杖提取物与乙嘧酚或其盐的杀菌组合物，且虎杖提取物与乙嘧酚或其盐的重量比为（1∶70）～（70∶1）。该杀菌组合物对多种作物上的多种病害都有较高活性，并具有明显的增效作用，扩大了杀菌谱，前述病害主要包括白粉病、斑点落叶病、疮痂病、黑斑病、黑星病、黑痘病、茎枯病、黑穗病、炭疽病、纹枯病、锈病、叶斑病、灰霉病、稻曲病、褐腐病、稻瘟病、赤霉病、恶苗病。该杀菌组合物可用于防治粮食作物、豆类作物、纤维作物、糖料作物、瓜类作物、水果类作物、干果类作物、嗜好作物、根茎类作物、油料作物、花卉作物、药用作物、原料作物、绿肥牧草作物等多种作物上病害，并具有用药量小、耐雨水冲刷，增效明显的特点。如表 6-1 所示，虎杖提取物与乙嘧酚或其盐复配防治黄瓜白粉病的配比在（1：80）~（60：1）时，增效比值均大于 1.5，说明两者在（1：80）~（60：1）范围内混配均表现出增效作用，虎杖提取物与乙嘧酚或其盐的配比在（1：20）~（10：1），增效作用更为突出，增效比值均在 2.10以上。

表 6-1　虎杖提取物与乙嘧酚或其盐复配对黄瓜白粉病的毒力测定结果分析

供试药剂	配比	EC_{50}（mg/L）观察值	EC_{50}（mg/L）理论值	增效比值
虎杖提取物	—	1.78	—	—
乙嘧酚或其盐	—	3.59	—	—
虎杖提取物：乙嘧酚或其盐	1：80	2.08	3.55	1.70
虎杖提取物：乙嘧酚或其盐	1：60	1.94	3.53	1.82
虎杖提取物：乙嘧酚或其盐	1：40	1.81	3.50	1.94
虎杖提取物：乙嘧酚或其盐	1：20	1.61	3.42	2.13
虎杖提取物：乙嘧酚或其盐	1：15	1.53	3.38	2.21
虎杖提取物：乙嘧酚或其盐	1：5	1.32	3.07	2.33
虎杖提取物：乙嘧酚或其盐	1：3	1.16	2.86	2.47

❖ 虎杖

（续表）

供试药剂	配比	EC$_{50}$（mg/L）观察值	EC$_{50}$（mg/L）理论值	增效比值
虎杖提取物：乙嘧酚或其盐	1：1	1.02	2.38	2.33
虎杖提取物：乙嘧酚或其盐	3：1	0.89	2.04	2.29
虎杖提取物：乙嘧酚或其盐	5：1	0.87	1.94	2.23
虎杖提取物：乙嘧酚或其盐	10：1	0.88	1.87	2.12
虎杖提取物：乙嘧酚或其盐	20：1	0.93	1.82	1.96
虎杖提取物：乙嘧酚或其盐	40：1	0.99	1.80	1.82
虎杖提取物：乙嘧酚或其盐	60：1	1.06	1.79	1.69

高丙利等（2011）开发了一种从蓼科植物虎杖中提取的多功能植物生长调节剂，该植物生长调节剂由虎杖经提取、浓缩、干燥后，加入溶剂配制而成，其助剂包括防腐剂、抗氧化剂、稳定剂、增效剂和 pH 调节剂中的一种或多种。虎杖植物生长调节剂配比见表 6-2。

表 6-2　虎杖植物生长调节剂

组　　分	含量（m/m）（%）
虎杖提取物	0.01
桂皮酸盐	0.10
2，6-二叔丁基-4-甲基苯酚	0.10
亚硝酸钠	0.10
硝酸铵	0.15

（续表）

组　分	含量（m/m）（%）
柠檬酸	0.10
水	44.00

将虎杖植物生长调节剂喷施于进入生殖生长期的番茄叶片表面，喷施的量以叶片滴下水珠为准，5 d 后测试相关指标。结果显示，虎杖作为植物生长调节剂方面具有明显的生理作用，当虎杖提取物浓度较低时对植物生长具有促进作用，而当虎杖提取物浓度较高时对植物生长具有一定的抑制作用。结果见表6-3。

表6-3　药物浓度对叶片生长的影响

浓　度	叶片长度（cm）	叶片鲜重（g）	整株鲜重（g）
CK	3.46	0.571	0.741
1.00%	2.96	0.562	0.657
0.50%	3.10	0.652	0.726
0.10%	3.84	0.980	0.867
0.05%	3.87	0.843	0.843
0.01%	3.90	0.929	0.557

第三节　虎杖在养殖业中的应用

一、虎杖地上茎叶作饲料

中国自古以来就有将作物茎秆进行粉碎用于饲喂家畜的传统。当前我国普遍将产量大的玉米等经济型作物的秸秆加以使用，但对虎杖等一系列中草药未经药用的茎秆利用较少，造成了不必要的浪费。同时，虎杖茎叶中也含有未被提取利用的药效成分，经加工饲喂给动物可起到一定的保健与疾病治疗作用。

谷业里（2014）利用反复割取的虎杖嫩茎叶来饲喂牛、羊，老茎叶则晒干粉碎贮藏作为精饲料补充剂。以嫩茎叶作为牛、羊日粮饲喂，每天每头牛、羊可喂 1 kg，配合其他植物青料，满足牛、羊生长营养需求。茎叶干粉与其他精料混用，50 kg 精料添加虎杖茎叶干粉1 kg。虎杖作为牛羊饲料，其生长周期长，供期可从 5 月到 11 月，且种植简单，每年可收获 3~4 茬鲜茎叶。动物适口性较好，适合牛羊养殖场大规模使用。何以安（2015）将虎杖茎叶粉与大黄、厚朴、玉米秸秆碎屑、豆渣、酒糟等配比组合，粉碎，混合均匀，干燥至预设湿度，即制造出营养成分更加充分的饲料。杨建文等（2004）将其他农产品废料与虎杖进行粉碎综合利用，不仅将虎杖茎叶中的药效成分充分释放，同时营养成分配比能更加适合动物，易于消化吸收。虎杖的全草用作饲料对牛膨胀症、胀肚症、黄蜂胃病等有较好的疗效。

二、虎杖提取物作饲料添加剂

虎杖中含有多种化学成分，最主要的活性成分为大黄素、白藜芦醇、虎杖苷等，具有消炎、抗病毒、抗菌、抗氧化等药理活性（肖文渊等，2018）。所含生物碱对动物还有强烈的诱食作用，可促进动物对饲料的摄入。将提取物加入饲料中作为添加剂可以在一定程度上有效防治动物病害，提高机体免疫力。

1. 抗病健康作用

虎杖、金银花、罗汉果等中草药提取前粗粉粉碎，利用 60% 乙醇对虎杖中的大黄素和绿原酸提取 3 次，每次加入料液比为 1∶9，每次提取 1 h。滤液减压浓缩，所得药液中加入辅料（糊精）继续减压浓缩，浓缩液喷雾干燥。糊精量为干膏率的 80%，制成虾康健粉，对目前南美白对虾中常见的红尾病和黑鳃病有显著疗效（米惠，2016）。

虎杖提取物对水生动物具有保肝药效。马良骁等（2020）探究虎杖提取物对尼罗罗非鱼脂肪肝的干预作用，选取健康尼罗罗非鱼，随机分为 4 组，分别投喂高脂饲料，以及含虎杖提取物的高脂饲料。饲养后，采集鱼血液和肝组织，测定血脂水平、抗氧化状态。结果显示高脂饲料投喂显著提高尼罗罗非鱼血脂水平、引起氧化应激和炎症反应，导致了肝损伤。加入虎杖提取物明显抑制了血清血脂水平和谷丙转氨酶（GPT）活性上升，以及肝组织中脂肪、超氧化物歧化酶（SOD）的下降。可见，虎杖提取物可明显缓解高脂饲料引起的尼罗罗非鱼脂肪性肝损伤。杜金梁（2013）等则指出虎杖中提取的白藜芦醇可抗氧化，能够减轻 CCl4 对于鱼的肝损伤。

通过不同方法，造成小鼠高尿酸血症，注入虎杖提取物观察其对血尿酸的抑制作用，同时取动物关节组织，观察滑膜组织的病理改变。结果显示虎杖提取物可显著降低血尿酸水平，改善痛风性关节炎的病理改变。虎杖提取物添加进饲料被动物摄入，对大型经济动物的关节炎有一定治疗作用（侯建平等，2012）。

将虎杖、柴胡、麦冬、大叶钩藤、白芷、党参、葛根、石灰粉、维生素等按比例复配，然后煎煮制成药液，在药液中加入玉米、带壳稻谷、骨粉、鱼粉、黄粉虫粉、牡蛎壳粉、螺旋藻粉粉碎后混合制得的主料混合物中制浆，然后干燥后造粒成型制得饲料，可治疗、预防鸡新城疫（卓山等，2017）。

将虎杖、金银花、菊花、黄柏、大蒜、韭菜、食盐、厚朴、黄苓、白芷粉制得药液，具有活血化瘀，灭杀病原细菌，血小板聚焦的作用。用含有该药液的饲料投喂草鱼，可增强草鱼鱼体的抵抗力，有效防治草鱼出血病，同时也能为草鱼提供营养（郭成立等，2015）。

称取虎杖 15~25 份、紫苏 15~25 份、栀子 10~20 份、青皮 8~16 份、当归 8~16 份、云香草 5~10 份、丹皮 4~8 份、地龙 4~8 份、复合维生素 0.1~0.3 份及载体 40~60 份混合粉碎成粉末状，随后将粉末与复合维生素和玉米蛋白粉混合，搅拌均匀投喂小龙虾。结果显示，该混合饲料不仅促进小龙虾化学性肝损伤的修复、改善肝功能，还增强小龙虾体质，提高存活率（许飞等，2018）。

2. 减抗、免疫作用

利用抗生素药渣饲喂动物,可以使动物对常见的病原菌有一定的抵抗力。但过度地使用会导致动物机体内的常见病菌变异,产生抗药性,失去保护作用。利用虎杖作为饲料添加剂,可以减少动物机体的抗药性,增强动物机体免疫力,起到"药食同源"的作用。

范耘硕等(2015)以"血鹦鹉"(观赏鱼品种)为实验对象,探究虎杖对其非特异性免疫方面的影响,研究表明,添加虎杖可使"血鹦鹉"体内的抗氧化酶活力显著提高,体内溶菌酶的活性增强。

杨维维等(2013)探讨大黄素对克氏螯虾生长、非特异性免疫、肝脏抗氧化能力以及肠道消化酶的影响,选取了初始体质量相近的克氏螯虾,分别在基础日粮中添加不同水平的大黄素。饲养 8 周后,选取其中规格适中的克氏螯虾,采集血液、肝脏、肠道,检测克氏螯虾血液、肝脏生化指标和肠道消化功能。结果表明添加大黄素显著提高了克氏螯虾的增重率,50~75 mg/kg 大黄素可以显著提高克氏螯虾的生长性能、免疫功能和肝脏抗氧化以及肠道消化能力。

肖文渊等(2018)探讨虎杖乙醇提取物(HZ)的抗炎及免疫活性。以地塞米松为阳性对照,对小鼠灌胃 HZ,检测不同剂量的 HZ 对二甲苯所致小鼠耳肿胀及纸片诱导的肉芽肿的抑制作用。结果显示,HZ 可显著抑制耳肿胀及肉芽肿,且效果优于地塞米松。高剂量 HZ 抗炎效果显著,而低剂量可能对免疫功能有促进作用。

年幼的仔猪,出生时缺乏先天免疫力,易得病,其自身也不能产生抗体。靠初乳把母体的抗体传过渡到自体产生抗体而获得免疫力较慢。为了起到对仔猪的保护,采用虎杖、大青叶、银杏叶、菟丝子、党参、红枣、何首乌、当归、熟地与酶组合在一起作为仔猪的饲料添加剂,可以增强其对外界的抵抗力。其中所加入的酶复合物含有纤维素酶、淀粉酶和胰蛋白酶,能够更好地将虎杖中的活性成分进行转化,产生适合仔猪的药效成分,同时能够提高仔猪对饲料中营养成分的吸收,提高仔猪的品质(田欢等,2018)。

从虎杖、花生、葡萄、桑椹等植物中提取白藜芦醇,吸附剂作为载体再与饲料进行混合。白藜芦醇占重量比的 0.1%~20%,载体占

80%~99.8%。在饲料中的用量为100~500 g/t。白藜芦醇抑菌和抗氧化的功效在动物食用饲料后发挥，可降低动物的腹泻和应激反应造成的伤害，提高饲料利用率，避免饲喂抗生素药渣导致的药物残留（龙蕾等，2019）。

3. 促进生长，改善品质作用

有研究发现，虎杖中的黄酮类化合物是促诱食活性物质，同时虎杖独特的味道，可对水产动物的味觉、嗅觉具有显著的刺激作用，增强其摄食行为，从而促进养殖动物生长和增重，减少水质污染（王裕玉等，2010；郭永军等，2005）。虎杖还可以改变动物体内的生化组成，提高水产品品质。例如减少鱼肚部分不必要的脂肪，使得鱼肉更加有弹性（刘俊强，2015）。

周李柳（2016）选用初始体均重相当的尼罗罗非幼鱼，随机分为7组，分别投喂不同虎杖水平试验饲料，进行60 d的饲养试验。结果显示，20 d时，虎杖添加量200~400 mg/kg时能促进幼鱼的生长；20 d后继续投喂对幼鱼的生长有抑制作用。

吕明斌等（2013）将虎杖、黄连、白术、贯众、牵牛子、当归、青蒿、麦芽、车前草、青皮、柴胡、茯苓、红花、金银花、黄芩、半夏、半枝莲、白及等中药的组合物按比例混合，加入相对于混合物质量2~4倍的水，进行煎煮处理1 h，将煎煮液进行过滤、浓缩处理，获得去除水分的膏体，将获得的膏体中加入相对于第一步混合物质量1倍的浓度65%~75%的乙醇，搅拌20~40 min，在0~4 ℃下冷藏1~2 h，过滤，减压回收乙醇，获得干膏，粉碎后过20~200目筛。实验结果显示，投喂这种中药饲料对猪的生长速度具有明显的促进作用，且没有毒副作用。

邹振可（2013）将虎杖、山楂、神曲、当归和生地等中草药制成粉末，与饲料混合制得混合饲料。与神曲与山楂配伍，投喂蛋鸡能够增强蛋鸡的消化功能，提高蛋鸡对营养的吸收效率，与当归和生地配伍，能够促进蛋鸡分泌卵黄，从而提高产蛋量。

三、提取残渣作饲料

虎杖及其他中草药加工后产生的药渣用于饲料是一种常见的废料再次利用的手段，可以解决药渣丢弃污染环境的危害，同时对于残渣中未被利用的药效成分可以被动物吸收，起到抵御疾病，增强免疫的作用。

赵哲等（2016）选取尼罗罗非鱼幼鱼作为实验对象，分别投喂不同虎杖药渣水平的等氮等脂饲料，发现适量添加虎杖药渣可以使幼鱼有效抵抗无乳链球菌的侵袭，但过高水平的虎杖药渣会对幼鱼的肠道，生长有一定的损害。

邝哲师等（2012）选择体型相近的6周龄山鸡，在饲喂基础日粮的基础上，再分别添加不同水平的虎杖药渣，结果显示，饲喂虎杖药渣虽然可导致山鸡日增重量有不明显下降，但可使山鸡的脾脏、胸腺、法氏囊等重要免疫器官指数均有一定程度上的增加，进而对山鸡疾病预防起到一定的促进作用。

徐瑞等（2017）选择日龄、大小相近的40头杜长大三元保育猪，对照组饲喂基础日粮，试验组饲喂在基础日粮种添加80 g/t虎杖残渣。结果表明，与对照组相比，试验组的平均日增重、平均日采食量均有显著提高；腹泻率有所降低；血液中白、红细胞的数量低。因此，饲料中添加虎杖可提高保育猪的生长性能，降低腹泻率，提高其免疫力。除了虎杖在饲料中的应用，黄芪、紫苏、甘草、党参等中药材或几种中草药的组合也常被应用于饲料中。对动物身体的免疫系统、动物病害的预防和治疗以及生长状况也起到了一定的积极作用（表6-4）。

表6-4　其他中草药在畜禽动物饲料上的应用

中药品种	应用实践	实验结果	文　献
黄芪	黄芪药渣作饲料添加剂对肉鸡表观代谢率影响	添加的黄芪渣能显著提高日粮中粗蛋白质的表观代谢率，降低粗脂肪的表观代谢率	张登辉，2008

中药品种	应用实践	实验结果	文　献
紫苏	紫苏籽在饲料中的添加对畜禽动物的影响	提高鸡肉品质，增强免疫力，提高蛋种鸡的产蛋率、种蛋的合格率；提高育肥猪的日增重，降低料肉比和采食量	郭鹏辉等，2017
党参+黄芪	混合药渣对育肥羊的增重	日增重提高，饲料成本减少	王向民，2008
"催奶灵"药渣（当归、丹参等）	对杂交奶牛产奶的影响	牛乳品质未发生明显提高，产奶率提高	王尚荣，2007

第四节　虎杖在染料行业中的应用

一、虎杖染料的原理

虎杖的主要化学成分为蒽醌类、萘醌类、二苯乙烯类和黄酮类化合物。其中蒽醌类化合物极性小，易溶于极性小的溶剂。由于母体上不同部位连接羟基或羧基，形成了多种呈红色或黄色的蒽醌类物质，具有较高的日晒牢度、水洗牢度和金属络合能力。近年来，人们对虎杖中的色素进行了提取研究，提取液呈明显的黄色。李维莉等（2002）利用树脂法分离并富集虎杖黄色素，确定出热水浸提，AB-8树脂吸附、丙酮洗脱、浓缩的工艺方案。虎杖染料的黄色素在可见光区吸收光谱内的最大吸收波长为 428 nm（孟洁，2000），在酸性介质中，色素的吸收光谱未变化，但吸光度随 pH 值的降低而增大，溶液呈现黄色。在中性、碱性介质中最大吸收波长发生红移，溶液的颜色由黄变红。从虎杖中提取的色素色泽亮丽，对光、热稳定性好，且富含抗氧化物质。可见，虎杖可作为一种重要的天然植物染料，开发前景良好。

二、虎杖染料的应用

纺织品染料在使用过程中直接接触人们的皮肤，目前常用的合成染料，其原料和中间体常含有致癌物质，不仅严重污染环境，还使直接穿着者或生产者受到伤害。随着生活质量的提高，人们越来越关注健康，追求原生态和自然物质的产物，而从植物中提取的天然染料，因其与环境相容性好，可生物降解，无毒无害，甚至对人体具有特殊的保健作用受到人们的青睐。虎杖染料可以应用于天然纤维、人造纤维染色，同时具有保健功能。

1. 天然纤维

虎杖中主要含有虎杖黄色素，经研究表明，虎杖黄色素对纤维素纤维有亲和力。王佩等（2012）采用碱溶液法提取虎杖色素，对棉织物进行染色，经过实验探讨及对比分析，确定最佳染色条件为染色温度 80 ℃，染浴 pH 值为 7，染色时间 60 min。棉织物用虎杖色素染色经固色剂、交联剂和媒染剂后处理后，有助于提高虎杖的上染百分率和改善染色牢度，且能够使织物耐洗牢度和耐摩擦牢度稍有提高。

位丽等（2015）对虎杖在桑皮纤维上的染色性能进行了探究。利用微波提取法提取出虎杖色素，100 ℃以下虎杖色素吸收光谱曲线形状不变，温度升高有增色作用；虎杖色素在酸性条件下可以稳定存在，虎杖色素在 Fe^{2+}、Fe^{3+}、Al^{3+}、Mg^{2+}、Cu^{2+} 存在下也可以稳定存在，并起到增色作用；虎杖色素染桑皮纤维较合适的染色工艺条件为：媒染剂用 1.25 g/L，染色 pH 值为 7，染色温度 90~100 ℃，虎杖色素用量为 15~17.5 g/L。

章霖悦（2019）选取了虎杖、槐米、地黄等几种中药植物作为染色试验材料，通过运用多种媒染剂并控制染色时间的方法，在真丝欧根纱上进行了染色试验。得到了不同明度和纯度的红黄色系植物染色样卡，并在此基础上进行相关产品的设计开发，并推进染色成果的进一步转换。最终产品取得预想中的立体效果和层次关系，可以用于礼服的制作。

2. 人造纤维

大豆蛋白纤维是一种再生植物蛋白纤维，由大豆渣中提练出的大豆蛋白与聚乙烯醇或丙烯腈共聚后，经湿法纺丝而成。高佩佩等（2009）对虎杖天然染料提取及其在大豆蛋白织物上的染色性能进行探讨，结果表明：虎杖天然染料色泽随 pH 值变化而改变，最适 pH 值为 4~6。温度 95 ℃，时间 60 min；经过不同媒染剂处理后，大豆蛋白织物呈现出不同的色泽；未经固色剂处理色牢度一般，而经固色剂处理后色牢度可达到 3 级或 3 级以上。

祝洪哲（2019）发明了一种具备天然抑菌功能的植物染色毛巾的染色方法，将白色毛巾采用虎杖、黄栌和槐花等 8 种植物提取的色素染 5~90 min。白色毛巾经过染色，变成具备晕色效果的个件化毛巾，形成多彩的艺术美感。采用天然的中草药植物染料染色的毛巾不含化学染料，保留了天然植物染料特有的抑菌、除臭、抗病毒等功能。

宋洁等（2018）将天然植物黄芩、虎杖提取物以及提取干燥后的残渣纤维分别与聚乙烯（PE）共混，制备了黄芩、虎杖提取物/PE。黄芩和虎杖提取物赋予了 PE 染色功能性，合成的黄芩、虎杖提取物/PE 复合材料具有显著的抑菌作用。

3. 适用于多种质地的染料

余志成等（2008）开发了一种适用于多种质地布料的虎杖天然染料。先将虎杖粉碎，在 5~20 倍 pH 值为 8~12 的碱溶液（氢氧化钠、碳酸钠、磷酸钠或硅酸钠）、95~100 ℃，60~90 min 条件下进行浸提，过滤得天然染料原液；再将天然染料原液浓缩、固化、粉碎，得粉末状天然染料。虎杖天然染料可采用预媒染、后媒染色法染色，对蛋白质、纤维素、锦纶纤维，纱线或织物都具有良好的染色效果。该发明从植物虎杖中提取天然染料，制备过程不会造成环境污染；染色后织物穿着安全，不会有致癌、致畸作用或引起过敏反应；与生态环境相容性好，可生物降解；而且虎杖原料丰富，价格低廉，染料提取工艺简单，质量稳定，其市场前景十分广阔。

4. 具有保健功能的虎杖染料

随着人类环保意识的不断增强以及对自身健康的日益关注，部分合成染料对人类健康和生态环境所产生的危害愈来愈引人注目。现有的研究结果已经表明，有 23 种致癌芳香胺、100 多种合成染料有可能产生致癌物质，20 多种合成染料对皮肤产生过敏。因此，合成染料及其染色的纺织品使消费者心存疑虑。天然染料与生态环境相容性好，可生物降解；天然染料染色织物穿着安全，除染色功能外，部分天然染料还具有药物保健功能。在当今人们崇尚绿色消费品的浪潮冲击下，在高档真丝制品、保健内衣、家纺产品、装饰用品等领域中拥有广阔的发展前景。丁旭君（2018）开发了一种具有保健功能的虎杖染料，染料以虎杖为主要原料，通过蒸煮萃取植物染料，配方为：虎杖 2 份，醋 0.25 份。具体步骤：①虎杖放入容器并加入 45～180 份水中煮制，煮至沸腾并保持 15～20 min，过滤掉染液。②将步骤①中的虎杖重新加入 45～180 份水，加入醋 0.25 份煮制，煮至沸腾并保持 15～20 min，过滤得到染料滤液过滤提取染料滤液，通过高温直接萃取植物染料，不需要添加其他辅助剂，制备方法简单方便易于实施。整个染料制备过程中无有害物质添加，不会对环境造成污染，其制得的染料天然环保，对人体具有利湿退黄，清热解毒，散瘀止痛，止咳化痰的功效，所染得的染物呈红色，不易褪色。

第五节　虎杖在日化产业中的应用

一、虎杖牙膏

市售许多防蛀抑菌牙膏使用氟化物作为抑菌成分，这种含氟牙膏对于减少龋齿确有一定的效果，但仅适合于在低氟地区、适氟地区以及在龋病高发地区推广使用，在高氟地区人群和 6 岁以下儿童使用会导致氟中毒，轻者形成氟斑牙，重者导致氟骨症。近年来中药功效牙膏因其天然成分的健齿护龈，持续美白抑菌的功能受到市场青睐，形成了品种齐全、功能多样可满足各种需求的功能性牙膏。虎杖具有抗感染、抗炎、抗氧化、抗肿瘤、代谢调节、器官保护、抗纤维化、抗休克等广泛的药理作用。中药虎杖的活性成分包括大黄素、大黄素甲醚、虎杖苷和白藜芦醇。杨艳芳（2019）开发一种含虎杖牙膏，虎杖牙膏组分及重量百分比为虎杖提取物 0.5%~8%，摩擦型二氧化硅 15%~25%，增稠型二氧化硅 3%~10%，甘油 10%~18%，山梨糖醇液 40%~52%，羧甲基纤维素钠 1%~3%，十二烷基硫酸钠 1.5%~3%，糖精钠 0.1%~0.5%，苯甲酸钠 0.2%~0.4%，薄荷脑 0.3%~0.5%，柠檬酸 0.2%~0.4%，去离子水余量。该虎杖牙膏性状均一透明，具有与人体唾液接近的 pH 值，能保持蒽醌类和鞣质类活性成分不被氧化并保持较强的抑菌防龋功效，并且能美白牙齿、清新口气、提神醒脑。

二、虎杖化妆品

1. 虎杖护肤品

目前，市场上虎杖提取物的护肤品，主要基于虎杖的生理活性，添加了虎杖有效成分（杨博，2017）。虎杖提取物主要由白藜芦醇和大黄素构成，有着促进巨噬细胞活性的作用，而且虎杖苷具有抑制酪氨酸酶活性，从而能抑制黑色素形成，发挥美白功效；对弹性蛋白酶有着抑制的作用，有抗皱抚纹紧致的功效，基于其能减少皮肤中黑色素含量的功效。因此，添加了虎杖提取物的护肤品成为抗皱、美白类化妆品。

2. 虎杖染发剂

随着人们的生活水平不断提高，对健康和美的共同追求已经成为更多人的向往，同时生态观念也日益深入人心，因此，以中药染料替代化学染料受到广大消费者的青睐。上海交通大学（2005）选用虎杖作为红棕色染料，加用中药丁香为渗透剂增强染色牢度，以碱化剂氢氧化铵、单乙醇胺调节 pH 值，并配以增稠剂聚丙烯酸钠、抗氧化剂亚硫酸钠以及整合剂乙二胺四乙酸二钠。该方法很大程度上减少染发剂对发质的损害，使头发光泽有弹性，持续 3 个月不褪色。

肇庆迪彩日化科技有限公司（2019）发明了一种由天然植物组合的染发剂，主要成分有：虎杖根、积雪草、黄芩根、茶叶、光果甘草根、母菊花、迷迭香叶和龙胆根的提取物。这种天然植物组合物对头发具有较好的亲和性，利于染料中间体的渗透，可改善头发的染色特性，在较少碱化剂用量的情况下，实现较好的染色效果，颜色持久性佳；另外，由于碱化剂的用量减小，且天然植物组合物的舒缓作用，可大大降低染发时对头皮的刺激作用，对头发和头皮的刺激、损伤均较小。

第六节　虎杖在生态环保中的应用

一、生态修复

采矿作业造成的环境污染问题十分突出，矿山生态环境修复是一件利国利民、增强环境承载量、实现资源环境可持续发展的重要举措。朱杰（2013b）利用虎杖药渣搭和菌糠作为铅锌尾矿的联合改良剂，培养黑麦草进行尾矿修复。结果显示，将虎杖药渣及菌糠作为尾矿治理的有机改良剂可显著提高尾矿土壤中脱氢酶、葡萄糖苷酶、脲酶、磷酸酶活性，大大降低了尾矿重金属有效态含量，明显降低叶、根中 Cd、Pb、Zn 的含量，促进耐性植物生长，提高了土壤微生物活性。此外，虎杖药渣和菌糠中含有的丰富的有机质可以提高尾矿基质的土壤肥力，降低重金属毒性，有利于植物的入侵、定居和生长，形成植被覆盖，进而达到固定和保持水土的目的。总之，虎杖药渣作为改良剂用于尾矿的生态修复实现了固体废弃物的资源化利用相较于正常土原位修复，该联合改良剂用于尾矿修复技术简便易行，成本低，具有很好的实际应用价值。

二、净化空气

虎杖作为一种药用园林植物，具有增氧、除尘和吸收有害气体的作用。虎杖可通过光合作用吸收二氧化碳，同时释放出氧气，是地球上的天然造氧工厂。虎杖具有一定程度的吸收有害气体功能，并且通过合理布局还可以对空气中的粉尘有阻滞作用。因地制宜进行虎杖的合理种植，可以达到净化空气与美化环境的双重效果。

三、水土涵养

植物具有一定的净化污水能力，种植虎杖可在一定程度上实现调节土壤温、湿度，吸附地表污染物的作用。此外，虎杖通过根系的有效分布，可以吸收有害物质，大量增加土壤中的好气性细菌，达到对土壤增肥和净化的双重作用。

四、水土保持

虎杖地上部生物量高且根系发达，种植于坡地，一方面具有拦截雨水的功能，可降低雨水对土壤表层的冲刷，减少地表径流侵蚀。另一方面，虎杖发达的根系可有效固定土壤，减少土壤侵蚀、保持土壤肥力、防沙治沙、防灾减灾。

五、保护生物多样性

多种多样的生物资源是地球上生命赖以生存的基础，更是人类生存的基础。增加园林中的作物种类可显著增加地表生物量及生物种类，使生物多样性得以更好地保护和发展。虎杖在19世纪50年代初从日本引入英国后，快速扩展泛滥，难以根除，对房屋、路桥等造成破坏，而虎杖在中国、日本等国却能平稳生长，未造成生物入侵灾害。据报道，其主要原因是在中国虎杖上有一种叫"木虱"的天敌，吸收虎杖汁液，抑制虎杖繁殖扩展。在发展虎杖种植时应注意生物多样性保护，谨慎选择种植土地。

参考文献

安徽金禾粮油集团有限公司，2014-02-26. 一种补肾健脾饼干及其制备方法：201310486789. 1［P］.

班丽萍，闫哲，裴志超，2020. 华北地区鲜食玉米栽培管理与病虫害防治［M］. 北京：中国农业科学技术出版社.

包宗春，2017-05-03. 止咳化痰的虎杖中药酒及其制备方法：201510706791. 4［P］.

包宗春，2017-05-10. 一种虎杖红油竹笋的加工方法：201510706781. 0［P］.

包宗春，2017-05-10. 一种耐煮无矾虎杖红薯粉丝及其制备方法：201510706698. 3［P］.

蔡为为，于昌平，赵睿瑄，等，2020. 大黄素可通过抑制 NLRP3 炎性小体活化减轻哮喘小鼠的炎症反应［J］. 解剖科学进展，26（2）：174-176，181.

曹修运，刘淑霞，2003. 阳谷县农田害鼠的发生规律及综合防治［J］. 植物医生，16（2）：11-12.

曹扬，2015. 虎杖化学成分及其抑制 α-葡萄糖苷酶活性研究［D］. 长春：吉林农业大学.

陈静，2012. 虎杖育种关键技术初步研究［D］. 成都：成都中医药大学.

陈辽，2015-04-29. 一种虎杖的种植技术：201410853211. X［P］.

陈林，2015-01-21. 一种虎杖蜂花粉茶：201410590482. 0［P］.

陈鹏，杨丽川，雷伟亚，等，2006. 虎杖苷抗血栓形成作用的实验研究［J］. 昆明医学院学报（1）：10-12.

陈茹, 赵健雄, 王学习, 等, 2007. 糙叶败酱总木脂素对 K562 细胞体外生长的影响 [J]. 四川中医, 25 (5): 14-17.

陈学强, 罗霞, 余梦瑶, 等, 2009. 新型栽培基质生产食用菌的研究进展 [J]. 中国食用菌, 28 (3): 7-9.

陈学深, 马旭, 武涛, 等, 2015. 虎杖根系脱土装置设计与试验 [J]. 农业机械学报, 46 (7): 59-65.

陈易彬, 孙宝祥, 陈佳希, 2007. 虎杖中白藜芦醇的稳定性研究 [J]. 中药材, 30 (7): 805.

陈玉娴, 欧阳友香, 封海东, 等, 2020. 机械化应用对中药材虎杖栽培影响的研究 [J]. 南方农机, 51 (9): 35-37.

程华平, 李翠红, 2015. 即食山竹笋玻璃罐头加工工艺研究 [J]. 安徽农学通报 (19): 109-110, 120.

程惠珍, 1985. 蓼金花虫的初步研究 [J]. 昆虫知识 (1): 31-33.

程丽姣, 丁羽佳, 等, 2006. 119 植物中新的木脂素类化合物及其生物活性 [J]. 国外医药——植物药分册, 21 (3): 93-100.

初乐, 赵岩, 马寅斐, 等, 2017. 芦笋罐头加工技术研究 [J]. 中国果菜, 37 (10): 1-5.

代继源, 刘文杰, 王春辉, 2020. 大黄酚介导 AMPK 依赖性信号通路抑制结肠癌 SW480 细胞的增殖、侵袭和裸鼠体内肿瘤形成 [J]. 中国免疫学杂志, 36 (14): 1 688-1 694.

戴明合, 张斌, 2019. 房县虎杖规范化种植操作规程 [J]. 农家科技 (上旬刊) (2): 3-4.

邓加雄, 王香, 李桂成, 等, 2019. 虎杖苷对脂多糖介导的肺泡上皮细胞线粒体损伤的影响 [J]. 中华老年多器官疾病杂志, 18 (7): 527-531.

邓梦茹, 刘韶, 朱周靓, 2011. 酶法提取虎杖中的白藜芦醇 [J]. 中南药学, 9 (9): 669-672.

丁旭君, 2018-07-13. 一种虎杖染红植物染料的制备方法及染色方法: 201810040788.7 [P].

董爱文，唐克华，卜晓英，2017-11-24. 利用虎杖栽培灰树花的方法：中国，201710702747.5 ［P］.

窦国祥，1974. 虎杖酒治疗关节炎的临床观察 ［J］. 中医杂志（7）：32.

杜金梁，贾睿，曹丽萍，等，2013. 虎杖提取物对 CCl_4 诱导建鲤损伤肝细胞生化指标的影响 ［J］. 湖南农业大学学报（自然科学版），39（4）：413-418.

杜敏华，杨建伟，杨柯金，2008. 虎杖茎尖离体再生体系的建立和优化 ［J］. 核农学报（5）：600-606.

范成珍，张卫国，张宗玮，2017-06-20. 一种大豆专用有机生物肥料：201710145701.8 ［P］.

范耘硕，崔培，季延滨，等，2015. 饲料中添加虎杖对血鹦鹉部分非特异性免疫与脂类代谢指标的影响 ［J］. 大连海洋大学学报，30（6）：660-667.

方耀平，秦郁文，唐富丽，等，2014. 均匀设计法优化白藜芦醇超临界 CO_2 流体萃取工艺 ［J］. 中国药业，23（10）：47-49.

封海东，周明，李坤，等，2019. 虎杖种子大田育苗技术研究 ［J］. 湖北农业科学，58（23）：128-129.

冯龙，2018. 中药渣有机废弃物肥料化技术研究及应用 ［D］. 贵阳：贵州大学.

冯瑞红，2007. 砂地柏中木脂素类化合物的分离及杀虫活性研究 ［D］. 杨凌：西北农林科技大学.

冯涛，刘鹏，刘海燕，等，2016. 白藜芦醇分子印迹聚合物的应用及性能研究 ［J］. 食品研究与开发，37（16）：37-41.

富奇志，齐志国，杨瑞瑞，2008. 槲皮素-3-半乳糖苷对大鼠局灶性脑缺血/再灌注炎症损伤机制的影响 ［J］. 中国实用神经疾病杂志（10）：55-56.

高宾，郭淑珍，赵丹，2014. "田野甚多"的中药虎杖 ［J］. 首都医药，21（17）：43.

高丙利，李爱民，杨艳春，等，2011-12-14. 虎杖多功能植物生长调节剂及其应用：201110232942.9 ［P］.

高明波，马金龙，杜崇旭，等，2015. 虎杖中大黄素的超声波提取工艺优化 ［J］. 湖北农业科学，54（12）：2 991-2 993.

高佩佩，余志成，张伟伟，等，2009. 虎杖天然染料提取及对大豆蛋白织物染色 ［J］. 丝绸（1）：26-28.

高文远，赵淑平，薛岚，等，1999. 空间飞行对藿香过氧化物酶、酯酶同工酶、可溶性蛋白质的影响 ［J］. 中国中药杂志（3）：138-142.

宫新江，丁虹，邱银生，等，2006. 齐墩果酸抗环磷酰胺所致大鼠肝细胞损伤作用 ［J］. 医药导报，25（11）：1 114-1 116.

龚伟，黎磊石，孙骅，等，2006. 大黄酸对糖尿病大鼠转化生长因子β及其受体表达的影响 ［J］. 肾脏病与透析肾移植杂志（2）：101-111，143.

谷福根，韩磊，孟根达来，等，2011. β-环糊精选择性提取广枣总黄酮的工艺研究 ［J］. 中药新药与临床药理，22（1）：110-114.

谷业理，2014-11-05. 一种用于牛羊养殖的营养保健型饲料——虎杖：201410340773.4 ［P］.

谷运璀，钱莉群，袁慧芳，等，2013. 自邻甲酚制备的水杨醛合成香豆素的研究 ［J］. 香料香精化妆品（S1）：14-16.

顾英楷，2018. 云南罗平鲁布革乡布依族五色花米饭的传承与保护 ［J］. 昆明学院学报，40（2）：109-113.

桂玉平，2014-03-18. 一种防治高血脂的保健饼干及其生产方法：201410097475.7 ［P］.

郭成立，王俊凤，田寿荣，2015-12-02. 一种防治草鱼出血病的药物饲料：201510625476.9 ［P］.

郭鹏辉，高丹丹，刘慧霞，等，2017. 药食两用植物紫苏及其秸秆的饲料化利用研究进展 ［J］. 甘肃畜牧兽医，47（3）：54-57.

郭瑞，2018. 白藜芦醇抗疲劳作用及其机理研究 ［J］. 食品研究与开发，39（24）：174-179.

郭冶，卢凤美，刘东璞，2020. 肝纤维化发病机制及大黄酸对肝纤维化的作用［J］. 医学信息，33（12）：27-32，39.

郭永军，邢克智，陈成勋，等，2005. 几种中草药对鲤鱼诱食效果的研究［J］. 天津农学院学报，12（3）：1-5.

国家药典委员会，2005. 中华人民共和国药典［M］. 北京：化学工业出版社.

国家药品监督管理局，2004. 中药材生产质量管理规范认证管理办法（试行）［J］. 中华人民共和国国务院公报（5）：33-36.

韩荣龙，刘晨璐，2019. 大黄素对胃癌细胞增殖、凋亡及 ERK1/2-PKM2/P53 通路的影响［J］. 中国药师，22（12）：2 208-2 213.

韩伟，马婉婉，骆开荣，2010. 酶法提取技术及其应用进展［J］. 机电信息（17）：15-18.

何佳芳，陈龙，芶久兰，等，2015. 不同药渣基质配比对小白菜种苗质量的影响研究［J］. 种子，34（2）：94-96.

何晓强，2007. 香豆素的工业合成［J］. 安徽化工，33（2）：40-52.

何旭，2009. 香豆素类化合物的化学成分及用途［J］. 时代教育（1）：95.

何以安，2015-09-09. 一种牛羊养殖用饲料：201510228442. 6［P］.

和莹莹，薛金慧，赵娜，2020. 大黄酸对非小细胞肺癌 A549 细胞增殖、迁移和侵袭能力的影响及其机制［J］. 吉林大学学报（医学版），46（2）：302-308，434.

侯建平，王亚军，严亚峰，等，2012. 虎杖提取物抗动物高尿酸血症的实验研究［J］. 西部中医药，25（5）：21-24.

候光复，1998. 儒家道家经典全释·尔雅［M］. 大连：大连出版社.

胡灿华，李灵玉，2014-04-30. 一种从虎杖中提取纯化虎杖苷的生产工艺：201310735428.6［P］.

胡清茹，贾真，2015. 槲皮素-3-葡萄糖苷对大鼠脑缺血-再灌注损伤的保护作用［J］. 中医临床研究，7（3）：33-35.

胡志超，彭宝良，尹文庆，等，2008. 多功能根茎类作物联合收获机设计与试验［J］. 农业机械学报，39（8）：58-61.

黄炜，黄济群，张东方，等，2003. 甘草酸、18β-甘草次酸、熊果酸和齐墩果酸抗人肺癌细胞侵袭作用及其机理的研究［J］. 中国中医药科技，10（6）：349-350.

贾彩凤，李艾莲，2007. 我国药用植物辐射诱变育种的研究进展［J］. 中草药，38（4）：633-636.

贾代汉，2005. 植物甾醇对肉用仔鸡养分利用及生产性能的影响［D］. 南京：南京农业大学.

江月锋，2012-10-15. 一种虎杖外耳道疖保健茶：2012103876-95. 4［P］.

蒋勇，2011-11-16. 一种银杏虎杖保健酒及其制备方法：201110363064. 4［P］.

蒋勇，2011-11-23. 一种虎杖银杏保健茶饮料及其制备方法：201110375713. 2［P］.

焦美，钟涵宇，陈克研，等，2020. 槲皮素通过 TGF β1/Smad3 信号通路改善慢性心衰大鼠心肌纤维化［J］. 解剖科学进展，26（4）：391-395.

金雪梅，金光洙，2007. 虎杖的化学成分研究［J］. 中草药，38（10）：1 446.

康大力，沈小钟，2019. 中药药渣生物有机肥利用进展［J］. 海峡药学，31（8）：74-76.

孔令东，王伟，潘颖，等，2012-12-19. 虎杖苷在制备预防和治疗慢性肾小球疾病药物中的应用：201210359615. 4［P］.

孔晓华，周玲芝，2009. 中药虎杖的研究进展［J］. 中医药导报，15（5）：107-110.

邝哲师，赵祥杰，叶明强，等，2012. 虎杖渣粉在山地鸡饲料上的应用研究［J］. 饲料工业，33（1）：56-58.

黎天山，李西丽，1998. 广西灰象食性的初步观察［J］. 广西植物（3）：3-5.

黎彧，邝守敏，叶勇，等，2006. 紫外光分光光度法测定食品包装纸用天然色素虎杖黄酮含量的研究［J］. 包装工程，27（2）：23-24.

黎智华，祝倩，姬玉娇，等，2017. 六种中药渣的营养成分［J］. 天然产物研究与开发，29（1）：91-95.

李安仁，1998. 中国植物志：蓼科［M］. 北京：科学出版社.

李传海，徐来祥，王玉山，2005. 山东省鼠类地理分布与鼠害防治研究［J］. 国土与自然资源研究（1）：76-78.

李福双，杨桠楠，申毅，等，2011. 虎杖中一类具有抗糖尿病活性的二苯乙烯苷类化学成分研究［C］//2011年中国药学大会暨第11届中国药师周论文集. 中国药学会：136-145.

李鸿梅，李雪岩，蔡德富，等，2009. 齐墩果酸对顺铂耐药胃癌SGC7901细胞增殖的影响及其机制研究［J］. 中国药理学通报，25（10）：1 334-1 337.

李惠香，张倩，柳亚男，等，2018. 木犀草素与木犀草苷的抗炎活性对比研究［J］. 烟台大学学报（自然科学与工程版），31（2）：114-120.

李建波，葛应兰，2017. 蔬菜田蜗牛的发生与防治现状及分析［J］. 植物医生，30（4）：45-49.

李洁，熊兴耀，曾建国，等，2013. 白藜芦醇的研究进展［J］. 中国现代中药，15（2）：100-108.

李凯明，李勇，李轶群，等，2018. 大黄素-8-O-β-D-葡萄糖苷体内外抗肝癌活性研究［J］. 中国新药杂志，27（10）：1 183-1 187.

李梦青，耿艳辉，刘桂敏，等，2006. 双水相萃取技术在白藜芦醇提纯工艺中的应用［J］. 天然产物研究与开发，18（4）：647-649.

李威，王新华，杨艳，等，2015-05-13. 一种含白藜芦醇的植物源增效复配杀菌剂及其制备方法：201510008932.5［P］.

李为民，李军，张九玲，等，2015-07-08.一种利用虎杖渣栽培杏鲍菇的培养料及制备方法：201510169505.5［P］.

李维莉，彭永芳，马银海，等，2002.树脂法分离富集虎杖黄色素［J］.食品科学，23（3）：80-82.

李雯，王建华，徐世荣，2005.有机酸诱导肿瘤细胞凋亡研究进展［J］.现代肿瘤学，13（5）：706.

李先宽，李赫宇，李帅，等，2016.白藜芦醇研究进展［J］.中草药，47（14）：2 568-2 578.

李欣，袁建平，刘昕，等，2006.木脂素——一类重要的天然植物雌激素［J］.中国中药杂志（24）：2 021-2 025，2 093.

李岩利，胡睿智，谭继君，等，2020.白藜芦醇的生理功能及其在猪生产中的应用研究进展［J］.中国畜牧杂志，1-13.

李轶群，梁桓熙，刘长振，等，2019.大黄素-8-O-β-D-葡萄糖苷抑制肿瘤细胞迁移和转移的体内外实验研究［J］.中国药物警戒，16（12）：705-710.

李运合，胡春根，姚家玲，等，2005.盾叶薯蓣四倍体诱导的研究［J］.中草药，36（3）：434-438.

梁明辉，2019.中药虎杖的研究进展［J］.中国医药指南，17（10）：47-47.

梁萍，黄艳花，覃连红，等，2008.虎杖锈病研究［J］.安徽农业科学，36（1）：55-56.

梁永峰，2008.陇龙虎杖化学成分研究［J］.安徽农业科学，36（29）：12 736.

林珊，2004.脱氧鬼臼毒素杀虫作用机理初步研究［D］.杨凌：西北农林科技大学.

刘长军，侯嵩生，1997.抗癌活性物质鬼臼木脂素的研究进展［J］.天然产物研究与开发，19（3）：81.

刘凤琪，2015-09-29.一种虎杖抹茶蛋糕及生产方法：2015106-29742.5［P］.

刘刚，2020. 大黄素甲醚对刺梨白粉病防效较好 ［J］. 农药市场
　　信息 （13）：49.

刘国声，1993. 黄葵内酯及 α-当归内酯的资源利用 ［J］. 中国野
　　生植物资源 （3）：33-35.

刘俊强，2015. 中草药饲料添加剂在水产养殖中的应用 ［J］. 中
　　国畜牧兽医文摘，31 （7）：209.

刘俊延，陈绪梧，陆温，等，2017. 广西园林植物害虫名录
　　［J］. 广西植保，30 （4）：1-18.

刘开桃，陈建祥，尚斌，等，2018. 贵州及其周边毗邻地区虎杖
　　资源调查研究 ［J］. 中药材，41 （5）：1 070-1 076.

刘力铭，2014. 虎杖中白藜芦醇的纯化工艺研究 ［J］. 农产品加
　　工 （11）：29-35.

刘立仁，潘博宇，2019-12-13. 虎杖苷紫杉醇组合物及在制备防
　　治胃部恶性肿瘤药物的用途：201810175965.2 ［P］.

刘伦，梅俊华，曾云，等，2019. 大黄酚对脑缺血再灌注损伤小
　　鼠的抗氧化及神经保护作用研究 ［J］. 中国临床药理学杂志，
　　35 （18）：2 059-2 061，2 078.

刘敏，陈志武，2008. 槲皮素-3-葡萄糖苷对小鼠心肌缺血缺氧
　　损伤的保护作用 ［J］. 安徽医科大学学报，43 （6）：683-685.

刘培元，王国平，2008. 离子液体/盐双水相萃取技术的研究进
　　展 ［J］. 化学工程与装备 （3）：113-118，107.

刘萍，2016-08-17. 一种虎杖泡菜的加工方法：201610315411.9
　　［P］.

刘三保，2013-11-20. 一种虎杖红枣保健面包：201310333767.1
　　［P］.

刘三保，2013-11-27. 一种虎杖豆腐：201310348694.3 ［P］.

刘三保，2013-12-11. 一种虎杖香腐乳：201310361418.0 ［P］.

刘三保，2014-11-19. 一种虎杖玫瑰保健面包：201410388703.
　　6 ［P］.

刘三保，2014-11-26. 一种虎杖保健醋的生产方法：201410435-

126.1 [P].

刘事奇, 唐超然, 宫嘉泰, 等, 2019. 白藜芦醇的生理功能及其在家禽生产中的应用 [J]. 湖南饲料, 169 (2): 27-29.

刘素华, 2015. 大黄素-8-O-β-D-葡萄糖苷对人卵巢癌细胞系SKOV3 细胞凋亡及 Bcl-2 表达的影响 [J]. 中华医学杂志, 95 (43): 3 541-3 544.

刘晓秋, 于黎明, 2003. 虎杖化学成分研究 (I) [J]. 中国中药杂志, 28 (1): 47.

刘钰瑜, 崔燎, 吴铁, 等, 2007. 大黄素对泼尼松致大鼠脂代谢异常的预防作用研究 [J]. 时珍国医国药 (11): 2 699-2 701.

刘志昌, 夏炎, 张莹, 等, 2009. 膜分离技术纯化白藜芦醇的研究 [J]. 时珍国医国药, 20 (1): 203-204.

龙蕾, 温丽伟, 2019-01-11. 一种含有白藜芦醇的动物饲料添加剂: 201811134591.6 [P].

卢浩泉, 王玉志, 王增君, 1996. 山东林业鼠害及其防治对策 [J]. 山东林业科技 (1): 13-16.

路萍, 赖炳森, 李植峰, 等, 2004. 白藜芦醇体外抗氧化活性和对细胞 DNA 损伤防护作用的实验研究 [J]. 中医药学报 (1): 50-52.

吕明斌, 燕磊, 唐婷婷, 2013-09-04. 猪用促生长的中药饲料及其制备方法和应用: 201310190721.9 [P].

罗勤, 2020-02-21. 虎杖的栽培方法: 201810900090.8 [P].

罗先金, 黄德音, 宋健, 等, 2001. 新型香豆素荧光染料的合成及应用 [J]. 中国科学 (B 辑化学), 31 (60): 542-547.

罗兴忠, 张俊, 封海东, 等, 2020. 房县虎杖及其高产栽培技术研究初探 [J]. 现代园艺, 43 (13): 66-67.

马坤芳, 王德旺, 任勇, 2010. β-环糊精选择性提取虎杖化学成分的研究 [J]. 南京医科大学学报 (自然科学版), 30 (11): 1 546-1 550.

马良骁, 贾睿, 2020. 虎杖提取物对尼罗罗非鱼脂肪肝的干预作用［J］.淡水渔业，50（4）：69-75.

马敏，阮金兰，2001.三白脂素-8的抗炎活性［J］.中药材，24
（1）：42.

马玉静，何荣香，杨玲，等，2019.白藜芦醇的生物学功能及其
在动物生产中的应用［J］.中国畜牧兽医，46（11）：3 234-
3 243.

马云桐，2006.虎杖资源、品质与药效的相关性研究［D］.成都：
成都中医药大学.

孟洁，杭瑚，2000.虎杖黄色素的稳定性及抗氧化作用的研究
［J］.食品与发酵工业，26（5）：28-32.

孟祥春，黄泽鹏，黎家妍，等，2018.氧化白藜芦醇对鲜切马铃
薯褐变的抑制作用［J］.农产品加工（23）：6-10，14.

米惠，2016.中药新制剂虾康健粉剂制剂的工艺研究［D］.南宁：
广西中医药大学.

苗保河，朱长进，朱道民，等，1997.夏大豆田鼠的发生及综合
防治技术［J］.大豆通报（2）：18.

苗培福，2019.大黄的药理作用及临床应用分析［J］.中国中医
药现代远程教育，17（20）：61-62.

缪正来，1991.中医良药良方［M］.北京：中国医药科技出版社.

南京中医药大学，2006.中药大辞典［M］.上海：上海科学技术
出版社.

欧阳龙强，夏文燕，杨少春，等，2020.大黄素对海人酸致痫小
鼠海马神经细胞保护作用机制的研究［J］.国际神经病学神经
外科学杂志，47（3）：305-309.

欧阳文，朱晓艾，苏磊，等，2016.番石榴叶中广寄生苷和番石
榴苷的降糖作用［J］.食品科学，37（7）：168-174.

潘标志，2009.杉木林冠下虎杖不同栽培方式生长效果分析
［J］.林业科技开发，23（3）：55-58.

潘标志，王邦富，2008.虎杖规范化种植操作规程［J］.江西林
业科技（6）：33-35.

彭超昀莉，2017-09-10. 一种虎杖节节菜保健茶的制备方法：201710809091. 7 ［P］.

青岛益邦瑞达生物科技有限公司，2017-05-10. 一种虎杖酱油的制备方法：201510726439. 7 ［P］.

裘炯华，2013-12-16. 白藜芦醇墙外飘香 ［N］. 医学经济报（7）.

上海交通大学，2005-11-23. 以丁香为渗透剂的红棕色中药染料染发剂：200510026615. 2 ［P］.

尚巧霞，贾月慧，闫哲，2020. 生菜施肥技术与病虫害防治 ［M］. 北京：中国农业出版社.

申春新，赵书文，王晋瑜，2012. 豆芜菁的发生与防治 ［J］. 植物医生，25（5）：19-20.

沈琴，王攀，黄长征，等，2020. 木犀草苷抑制皮肤鳞状细胞癌细胞的增殖、迁移和侵袭及其机制 ［J］. 中华实验外科杂志，37（5）：914-917.

沈清清，刘芳，胡彦，2014. 药用植物根腐病病原菌研究进展 ［J］. 北方园艺（1）：187-190.

生态环境部国家市场监督管理总局，2018. 土壤环境质量农用地土壤污染风险管控标准（试行）［S］. 北京：生态环境部.

圣晶，1999. 不同朝代腌鸭蛋的方法 ［J］. 中国食品（6）：41.

石万祥，彭国平，2010. 虎杖无性繁殖高产栽培技术 ［J］. 农民科技培训（4）：33-34.

史钧瑜，胡嵩，2017-05-31. 一种螯合型植物生长调节剂：201710005386. 9 ［P］.

四川同道堂药业集团股份有限公司，2011-12-13. 一种虎杖花茶及其制备方法：201110413736. 8 ［P］.

宋博翠，蒋萌萌，韩宇，等，2019. 大黄酚对环磷酰胺诱导的免疫抑制小鼠的免疫保护作用 ［J］. 黑龙江八一农垦大学学报，31（6）：66-71.

宋洁，柯如媛，李婷婷，等，2018. 两种水溶性植物提取物及其

残渣/PE复合材料的性能研究 [J]. 陕西科技大学学报，36
（5）：93-97，128.

宋庆安，童方平，易霭琴，等，2006. 虎杖组培苗瓶外生根及叶
面施肥试验 [J]. 湖南林业科技，33（6）：27-30.

宋晓岗，陈敏，吴雅红，等，1996. 几种中草药及其复合保鲜纸
对鸭梨保鲜效果的研究 [J]. 食品科学（2）：67-69.

苏传东，王玉志，1996. 山东淄博市啮齿动物群落组成与防制对
策研究 [J]. 中国媒介生物学及控制杂志，7（1）：29-31.

苏赵珍，2015-11-29. 一种虎杖降糖降脂保健茶：
201510860359.0 [P].

孙伟，2005. 虎杖栽培技术 [J]. 特种经济动植物（4）：25.

孙印石，王建华，2015. 虎杖花的化学成分研究 [J]. 中草药，
46（15）：2 219.

孙兆法，张淑霞，宋朝玉，等，2008. 中药渣和泥炭基质对一品
红生长和盆花品质的影响 [J]. 天津农业科学，14（6）：
40-45.

唐健，1999. 香豆素的合成及应用 [J]. 化学推进剂与高分子材
料（4）：20-22.

陶明宝，鄂玉芬，张乐，等，2017. 虎杖中白藜芦醇的酶法提取
工艺研究 [J]. 中药与临床，8（6）：34-38.

田关森，2005. 森林蔬菜新品种虎杖菜 [J]. 浙江林业（6）：31.

田欢，周瑛，刘文涛，2018-02-02. 一种乳猪饲料添加剂：
201711035071.5 [P].

田婷，2014-11-05. 一种从虎杖中提取虎杖苷及白藜芦醇的方
法：201410409305.8 [P].

田玉庭，赵莹婷，何玲婷，等，2016-08-31. 一种干型葡萄红曲
黄酒及其酿制方法：201610448361.1 [P].

汪玉红，2004. 中药材草害及化学防除 [J]. 内蒙古农业科技
（sl）：191-192.

王宝清，徐鸿涛，2011. 虎杖人工栽培技术 [J]. 中国林副特产

（5）：99.

王昌瑞，徐溢，张子春，等，2012. 虎杖的提取分离和纯化技术研究新进展［J］. 中成药，34（2）：335-340.

王虹，魏冉，刘雅欣，等，2020. 虎杖蒽醌类成分抗前列腺增生活性的效果比较［J］. 山东中医药大学学报，44（2）：174-179.

王辉，杜惠蓉，2014. 微波法从虎杖中提取白藜芦醇工艺［J］. 绿色科技（11）：245-246.

王俊发，马旭，马浏轩，等，2009. 根茎类中药材收获装备现状及其收获工艺［J］. 农机化研究，31（12）：242-243，246.

王立男，2007-5-30. 含有反式白藜芦醇的酒及其生产工艺方法：200610164829.0［P］.

王立新，韩广轩，刘文庸，等，2001. 齐墩果酸的化学及药理研究［J］. 药学实践杂志，19（2）：104-107.

王仑山，陆卫，孙彤，等，1995. 枸杞耐盐变异体的筛选及植株再生［J］. 遗传，17（6）：7-11.

王佩，贺江平，2012. 虎杖色素的提取及其对棉织物染色工艺的研究［J］. 染整技术，34（5）：11-15，32.

王强，兰利琼，2002. 秋水仙素诱导川贝母愈伤组织多倍体的研究［J］. 武汉植物学研究，20（6）：449-452.

王庆，王淑慧，张守君，2007. 虎杖繁殖新方法［J］. 中药材，30（10）：1 209-1 210.

王尚荣，2007. 中药渣饲喂杂交奶牛试验［J］. 中国奶牛（1）：14-15.

王珅，毕聪明，陈强，等，2014. 虎杖蒽醌提取物对小鼠免疫功能的影响［J］. 饲料工业，35（16）：40-42.

王胜利，1995-04-19. 虎杖酒：94111587.9［P］.

王仕珍，2015-10-15. 一种虎杖酒及其制备方法：20151066215-4.1［P］.

王守梅，张树辉，胡旭东，2020. 芹菜素抗肝细胞癌作用及机制的研究进展［J］. 中药新药与临床药理，31（5）：616-620.

王万晨，刘驰，袁铭杰，等，2020.大黄素对黑素瘤细胞 B16F10
迁移的影响 ［J］.中国皮肤性病学杂志，34（6）：622-626.

王向民，2008.药渣对育肥羊的增重效果试验 ［J］.畜禽业（4）：
30-31.

王晓峰，李继尧，于继人，1999.齐墩果酸对肝损伤小鼠血清及
肝细胞培养液转氨酶作用的研究 ［J］.中国中药杂志，34
（6）：377.

王新生，1995.几种常见野菜的药用与食疗 ［J］.中国野生植物
资源（3）：56-59.

王秀芳，晏春根，2019.木犀草苷对小鼠非酒精性脂肪肝病的作
用研究 ［J］.中华全科医学，17（1）：21-24，51.

王业杨，李贵涛，王明森，等，2020.槲皮素抑制 TLR4/NF-κB
通路介导的炎症反应减轻脊髓损伤 ［J］.中国矫形外科杂志，
28（14）：1 311-1 316.

王宇，方晨，刘洋，等，2009.虎杖的组织培养及高效无性系的
建立研究 ［J］.江西农业学报，21（3）：73-76.

王玉明，2020.芹菜素对小鼠急性肺损伤的保护作用 ［J］.畜牧
兽医杂志，39（2）：17-21.

王浴生，邓文龙，薛春生，1983.中药药理与应用 ［M］.北京：
人民卫生出版社.

王裕玉，杨雨虹，刘大森，2010.水产饲料中中草药类诱食剂的
研究进展 ［J］.中国饲料（23）：32-34.

王忠壮，1996.太白米对实验性糖尿病大鼠血糖及血脂的影响
［J］.中国中药杂志，21（10）：628.

位丽，瞿才新，王曙东，等，2015.虎杖色素的稳定性及其在桑
皮纤维上的染色性能 ［J］.毛纺科技，43（8）：40-44.

尉芹，马希汉，张玲，2001.七叶树叶提取物抗氧化性能的研究
［J］.西北农林科技大学学报：自然科学版，29（3）：41-44.

魏宏安，王蒂，连文香，等，2013.4UFD-1400 型马铃薯联合收
获机的研制 ［J］.农业工程学报，29（1）：11-17.

魏士杰，王颖，陈文强，等，2016. 1 株虎杖根腐病病原菌的分离与鉴定 [J]. 江苏农业科学，44（9）：141-144.

魏新雨，2003. 种植中草药材如何除草 [J]. 北京农业（5）：11-12.

文思奇，2017. 香豆素类抗菌化合物应用研究新进展 [J]. 临床医药文献电子杂志，4（24）：4 707-4 710.

吴勃岩，高明，徐绍娜，2010. 女贞子有效成分齐墩果酸对 S180 荷瘤小鼠抑瘤作用及存活时间的影响 [J]. 中医药信息，27（1）：3 738.

吴翠霞，2010. 白黎芦醇在水果贮存中的应用 [J]. 世界农药，32（2）：29-30.

吴少莉，黄裕，彭颖华，等，2018. 微射流技术提取虎杖中有效成分的研究 [J]. 现代中医药，38（6）：127-130.

吴时敏，吴谋成，马莉，2003. 植物甾醇在菜籽高级烹调油中的抗氧化作用——常温下抗氧化作用的研究 [J]. 中国油脂，28（4）：52-54.

吴兆祥，徐同印，1999. 虎杖栽培管理 [J]. 时珍国医国药（3）：7.

吴征锰，路安民，汤彦承，等，2003. 中国被子植物科属综论 [M]. 北京：科学出版社.

习南，2014. 黄芪茎叶超微粉对鸡免疫功能的影响 [D]. 保定：河北农业大学.

肖崇厚，1996. 中药化学 [M]. 上海：上海科学技术出版社.

肖凯，姜远英，曹永兵，等，2009-04-22. 虎杖苷用于制备抗痴呆产品的用途：200810040338.4 [P].

肖凯，宣利江，2003. 虎杖的化学成分研究 [J]. 中药及天然药物，38（1）：1.

肖文渊，王思芦，郝应芬，等，2018. 虎杖乙醇提取物的抗炎及免疫活性初探 [J]. 中兽医医药杂志，37（6）：34-37.

谢加贵，何春梅，王丛丛，等，2019. 虎杖繁殖及栽培技术研究

进展 [J]. 林业与环境科学, 35 (3): 124-127.

熊飞, 2017. 秦巴山区虎杖简易栽培技术 [J]. 科学种养 (1): 17-18.

熊婧, 吴建敏, 王嗣岑, 等, 2018. 药物熔点测定方法的等效性研究 [J]. 中国药学杂志, 53 (21): 1 861-1 868.

徐瑞, 王改琴, 刘春雪, 等, 2017. 虎杖对保育猪生长性能和血液生化指标的影响 [J]. 饲料工业, 38 (20): 11-13.

徐亚文, 邹丽芳, 李菲, 2020. 槲皮素对多发性骨髓瘤的抗肿瘤作用及其相关机制 [J]. 中国实验血液学杂志, 28 (4): 1 234-1 239.

徐昭玺, 魏建和, 盛书杰, 等, 2001. 边条人参新品种的系统选育 [J]. 中国医学科学院学报, 2 (6): 542-546.

许飞, 韦玉, 2018-12-07. 小龙虾护肝饲料的添加剂及其制备方法: 201810873716.0 [P].

许政, 赵志强, 2013. 柱层析技术在中药材有效成分分离纯化中的应用 [J]. 中国中医药信息杂志, 20 (12): 109-110.

杨彬彬, 王进旗, 刘阳林, 2004. 虎杖生物学特性及规范化栽培技术 [J]. 陕西农业科学 (5): 113-114.

杨博, 李蕾, 韩彬, 2017. 虎杖中虎杖苷的药理研究新进展 [J]. 广东化工, 44 (4): 58-60.

杨传华, 葛宜元, 魏天路, 等, 2011. 深根茎中药材双重振动挖掘机构的研究 [J]. 农机化研究, 33 (8): 110-114.

杨春霞, 朱培林, 2008. 药用植物育种研究进展 [J]. 现代中药研究与实践, 22 (5): 61-65.

杨建文, 杨彬彬, 张艾, 等, 2004. 中药虎杖的研究与应用开发 [J]. 西北农业学报 (4): 156-159.

杨建文, 杨彬彬, 张艾, 等, 2004. 中药虎杖的研究与应用开发 [J]. 西北农业学报, 13 (4): 156-159.

杨金库, 武惠肖, 王杰凡, 2012. 虎杖嫩枝全光喷雾扦插育苗技术 [J]. 林业实用技术 (4): 23-24.

杨培君，李会宁，赵桦，2003. 虎杖的组织培养与快速繁殖
[J]. 西北植物学报 (12)：2 192-2 195.

杨群林，2001. 柑橘灰象甲生活史及习性观察 [J]. 植保技术与
推广 (6)：19.

杨维维，沈美芳，刘文斌，等，2013. 大黄素对克氏螯虾生长、
免疫、肝脏抗氧化以及肠道消化酶的影响 [J]. 江苏农业学
报，29 (6)：1 405-1 410.

杨绪勤，袁博，蒋继宏，2015. 中药渣资源综合再利用研究进展
[J]. 江苏师范大学学报（自然科学版），33 (3)：40-44.

杨学文，周贵娇，王艳玲，2019. 中药材虎杖高产栽培技术
[J]. 农业知识 (10)：20-23.

杨艳芳，熊羿屹，尤朋涛，等，2019-02-26. 一种含虎杖牙膏及
其制备方法：201811380522.3 [P].

杨毅，张成路，潘鑫复，等，1998. 木脂素抗艾滋病病毒研究
[J]. 化学进展，15 (4)：327.

杨莺，姚新月，海波，2020. 山楂叶金丝桃苷对 LPS 诱导的
RAW264.7 巨噬细胞炎症反应的抑制作用 [J]. 中国中医基础
医学杂志 (8)：1-14.

叶秋雄，黄苇，2013. 虎杖中白藜芦醇提取工艺研究 [J]. 现代
食品科技，29 (6)：1 324-1 327.

佚名，2001. 中华人民共和国外经贸行业标准药用植物及制剂进
出口绿色行业标准 [J]. 中国经贸 (7)：44-45.

佚名，2004. 中药材 GAP 认证检查评定标准（试行）[J]. 中华
人民共和国国务院公报 (5)：36-39.

易霭琴，童方平，宋庆安，等，2007. 虎杖组织培养技术研究
[J]. 湖南林业科技，34 (1)：10-12.

永见浩龙，2003-08-06. 一种虎杖甘草保健茶及其制备方法：
03114493.4 [P].

于华忠，张世平，张富谷，等，2011-11-23. 从虎杖中制备高纯
度白藜芦醇的工艺：201110125337.1 [P].

余志成，张伟伟，吕国良，等，2008-06-11. 一种虎杖天然染料的制备方法及其应用：200710156681.0 ［P］.

余志芳，2016. 虎杖光合特性与吸肥规律对其品质形成机制的研究 ［D］. 成都：成都中医药大学.

袁琪，李伟东，郑艳萍，等，2019. 中药渣的深加工及其资源化利用 ［J］. 生物加工过程，17（2）：171-176.

袁晓，舒楚金，龚二兰，等，2013. 虎杖蒽醌化合物的分离及抗氧化活性的研究 ［J］. 食品研究与开发，34（2）：22-24.

岳春，2010. 基于茎的解剖学探讨广义蓼属及其近缘类群的分类 ［D］. 合肥：安徽大学.

曾范利，于录，葛发，等，2010. MABA 法与二倍稀释法测定齐墩果酸体外抗结核菌活性 ［J］. 动物医学进展，31（7）：22-25.

曾家顺，董晓，刘俊，等，2018. 虎杖苷对类风湿关节炎大鼠的治疗机制探究 ［J］. 天然产物研究与开发，30（10）：1 681-1 686.

张登辉，2008. 黄芪药渣作饲料添加剂对肉鸡表观代谢率影响的研究 ［J］. 国外畜牧学（猪与禽）（2）：77-78.

张国良，李娜，林黎琳，等，2007. 木脂素类化合物生物活性研究进展 ［J］. 中国中药杂志，32（20）：2 089-2 094.

张昊悦，赵蓓，章阳，2020. 大黄素对 HCT116 结肠癌细胞凋亡作用及机制研究 ［J］. 南京中医药大学学报，36（4）：485-488.

张俊，鱼江，敬小莉，等，2017. 虎杖种子繁育技术研究 ［J］. 安徽农业科学，45（14）：120-122.

张俊，鱼江，伍朝君，等，2017. 播种前期不同处理方式对虎杖种子发芽特性的影响 ［J］. 农技服务，34（1）：33-34.

张来军，贾敬芬，王凤琴，等，2015. 外源褪黑素对离体培养虎杖生长的影响 ［J］. 江苏农业科学，43（8）：58-60，105.

张霖，陈育尧，孙学刚，等，2010. 虎杖苷对非酒精性脂肪肝大鼠保护作用及机制研究 ［J］. 陕西中医，31（6）：756-758.

张美萍，王义，孙春玉，等，2003. 辐射西洋参培养物皂苷次生代谢调控的研究［J］. 核农学报，17（3）：207-211.

张瑞，赵景辉，王英平，等，2011. 甘草残渣、关苍术茎叶对番鸭生产性能和免疫性能的影响［J］. 特产研究，33（3）：19-21.

张伟，梁晓娟，2016-02-10. 一种含虎杖提取物的杀菌组合物：201410317070. X［P］.

张喜云，1999. 虎杖的化学成分、药理作用与提取分离［J］. 天津药学（3）：3-5.

张相伦，刘晓牧，谭秀文，等，2019. 白藜芦醇的生物学功能及其在反刍动物上的应用研究［J］. 中国牛业科学，45（5）：65-68.

张骁，束梅英，2004. 女贞子药理研究进展［J］. 中国医药报，3（9）：316.

张新彧，黄杨，孙纪元，2018. 虎杖苷抗百草枯中毒肺纤维化作用及机制的研究进展［J］. 现代生物医学进展，18（17）：3 392-3 395.

张玉千，张宇，龚赛男，等，2020. 虎杖中白藜芦醇和虎杖苷的提取工艺研究［J］. 南京师范大学学报，20（2）：88-92.

张裕杭，岳青，2019. 白藜芦醇在化妆品中的应用专利技术分析［J］. 山东化工，48（14）：106-108.

张跃群，佘德琴，2009. 中药渣有机基质对番茄产量和品质的影响［J］. 北方园艺（11）：33-36.

张云婷，黄晓，陈运中，等，2020. 虎杖主要化学成分及其生物合成机制研究进展［J］. 中国中药杂志，45（18）：86-94.

张振环，2017-12-29. 一种虎杖的大棚栽植方法：2017108582-03. 8［P］.

章霖悦，李建亮，2019. 真丝织物的红黄色系植物染色实践及产品设计［J］. 设计，32（17）：12-15.

赵承善，武秀兰，曲宝泉，等，1989. 山东省鼠类调查报告

[J]. 中国鼠类防制杂志，5（4）：210-211.

赵德修，李茂寅，2000. 培养基及其组成对水母雪莲悬浮培养细胞生长及黄酮形成的影响 [J]. 生物工程学报，16（1）：99-102.

赵锦芳，2006. 何首乌叶甲、二纹柱萤叶甲生物学、生态学及防治研究 [D]. 贵州：贵州大学.

赵骏，蓝茹，1998. 从齐墩果酸结构分析抗肝细胞损伤的作用机制 [J]. 中草药，29（12）：117.

赵良瑞，李进冬，2020. 大黄素对糖尿病状态下大鼠肾功能的保护作用研究 [J]. 泰州职业技术学院学报，20（Z1）：129-131.

赵霞，黄世能，冼光勇，等，2009. 黄藤笋罐头的加工工艺初探 [J]. 广东农业科学（10）：125，147.

赵霞，陆阳，陈泽乃，1998. 白藜芦醇的化学药理研究进展 [J]. 中草药（12）：3-5.

赵哲，甘炼，2016. 虎杖对尼罗罗非鱼幼鱼生长性能影响的研究 [C]. 中国四川成都：2016 年中国水产学会学术年会，435.

肇庆迪彩日化科技有限公司，2019-03-08. 一种天然植物组合物染发剂及其制备方法和应用：201811615281. 6 [P].

郑杰，武强，黎学明，等，2009. 高速逆流色谱技术在植物活性成分分离中的应用 [J]. 食品工业科技，3（30）：351-354.

郑民实，孔庚星，张鑫，等，1998. 没食子酸抗 HbsAg/HbeAg 的实验研究 [J]. 实用中医药杂志，14（1）：5-7.

郑伟军，2015-09-30. 微射流提取器：201520197934. 9 [P].

中国环境科学研究院，中国环境监测总站，2012. 环境空气质量标准 [M]. 北京：中国环境科学出版社.

中国科学院植物研究所，1983. 中国高等植物图鉴 [M]. 北京：科学出版社.

中国农业大学应用化学系，农业部农药检定所，2000. 绿色食品农药使用准则 NY/T 393—2013 [S]. 北京：中华人民共和国农业部.

中国农业大学资源和环境学院,2000. 绿色食品:产地环境技术条件 NY/T 391—2000 [S]. 北京:中华人民共和国农业部.

中国农业科学院土壤肥料研究所,2000. 绿色食品:肥料使用准则 NY/T 394—2013 [S]. 北京:中华人民共和国农业部.

中国中医科学院,2019. 中医药—中药材商品规格等级通则 [S]. 上海:国际标准化组织中医药技术委员会.

钟耀广,2020. 功能性食品 [M]. 北京:化学工业出版社.

重庆市富友畜禽养殖有限公司,2015-10-27. 虎杖绿茶保健饮料:201510705553.1 [P].

重庆市富友畜禽养殖有限公司,2015-10-27. 虎杖速溶茶:201-510705703.9 [P].

周畅,胡婷婷,王志刚,等,2016. 虎杖苷通过降血脂抗 ApoE-/-小鼠动脉粥样硬化的作用 [J]. 安徽医药,20 (12):2 226-2 229.

周李柳,2016. 虎杖、啤酒花、水飞蓟和肉桂对尼罗罗非鱼幼鱼生长性能的影响 [D]. 广州:华南农业大学.

周林山,李伟东,郑立军,等,2016. 黄芪药渣生物有机肥在油菜上的肥效试验 [J]. 安徽农业科学,44 (12):159-161.

周泉城,黄景荣,李全宏,2009. 花生壳茎叶等综合利用研究进展 [J]. 中国粮油学报,24 (10):140-144.

周晓燕,马雪飞,2011-06-01. 用真空酶解技术提取虎杖中大黄素、虎杖甙及白藜芦醇的方法:201010588805.4 [P].

周秀,刘静,李家富,2020. 槲皮素对自发性高血压大鼠血压、肠道菌群及心室重构的影响及机制研究 [J]. 天然产物研究与开发,32 (9):1 449-1 455.

朱杰,2013. 虎杖药渣的生态化综合利用研究 [D]. 吉首:吉首大学.

朱杰,刘艺,黄苛,等,2013. 利用虎杖药渣栽培杏鲍菇的培养基优化及菌糠再利用分析 [J]. 中国农学通报,29 (13):

182-186.

朱杰成，2017-12-08. 一种治疗风湿骨病的虎杖酒：20171128-9812. 2［P］.

朱培林，吴永忠，兰东生，等，2004. 江枳壳优良类型选择研究［J］. 现代中药研究与实践，18（6）：24-26.

朱廷儒，王素贤，裴月湖，等，1985. 中药虎杖抗菌活性成分的研究［J］. 中草药，16（3）：21.

祝洪哲，苏州麻朵纺织科技有限公司，2019-02-19. 一种具备天然抑菌功能的植物染色毛巾的染色方法：201811249728. 2［P］.

卓山，曹险峰，汤喜文，2017-09-19. 一种预防鸡新城疫的饲料：201710456906. 8［P］.

邹爱兰，刘东华，胡仕明，等，2003. 毒饵站控制城市鼠害效果分析［J］. 医学动物防制，19（3）：179-180.

邹振可，2013-02-13. 提高蛋鸡产蛋量的中药组合物及其饲料和应用：201210490509.X［P］.

ANAND K K, SINGH B, SAXENA A K, et al., 1997. 3, 4, 5-Trihy droxy benzoic acid (gallic acid), the hepatoprotective principle in the fruits of Terminalia belerica bioassay guided activity［J］. Pharmacological Research, 36 (4): 315-321.

AOKI K, ISHIWATA S, SAKAGAMI H, et al., 2001. Modification of apoptosis-inducing activity of gallic acid by saliva［J］. Anticancer Research, 21 (3B): 1 879.

BALL S G, SHUTTLEWORTH C A, KIELLY C M, 2007. Vascular endothelial growth factor can singnal through platelet derived growth factor receptors［J］. Journal of Cell Biology, 177 (3): 489-500.

BEDOYA L M, BELTRÁN M, SANCHO R, et al., 2005. 4-Phenylcoumarins as HIV transcription inhibitors［J］. Bioorganic & Medicinal Chemistry Letters, 15 (20): 4 447-4 450.

BEILLEROT A, DOMÍNGUEZ J C, KIRSCH G, et al., 2008. Synthesis and protective effects of coumarin derivatives against oxidative stress induced by doxorubicin [J]. Bioorganic & Medicinal Chemistry Letters, 18 (3): 1 102-1 105.

BERTACCHE V, LORMZI N, NAVA D, et al., 2006. Host-guest interaction study of resveratrol with naturel and modified cyclodextrins [J]. Journal of Inclusion Phenomena and Macrocyclic Chemistry, 55 (34): 279-287.

BORGES F, ROLEIRA F, MILHAZES N, et al., 2005. Simple coumarins and analogues in medicinal chemistry: occurrence, synthesis and biological activity [J]. Current Medicinal Chemistry, 12 (8): 887-916.

BOSTANGHADIRI N, PORMOHAMMAD A, CHIRANI A S, et al., 2017. Comprehensive review on the antimicrobial potency of the plant polyphenol resveratrol [J]. Biomed Pharmacother, 95: 1 588-1 595.

CHEN D F, ZHANG S X, XIE L, et al., 1997. AntiAIDS Agents-XXVI, structure - activity correlations of gomisin - G relates anti HIV lignans from Kadsura interior and of relates synthetic analogs [J]. Bioorganic & Medicinal Chemistry, 5 (8): 1 715.

CHERNG J M, CHIANG W, CHIANG L C, 2008. Immunomodulatory activities of common vegetables and spices of Umbelliferae and its related coumarins and flavonoids [J]. Food Chemistry, 106 (3): 944-950.

CHI X F, XING Y X, XIAO Y C, et al., 2014. Separation and purification of three stilbenes from the radix of *Polygonum cillinerve* (Nakai) Ohwl by macroporous resin column chromatography combined with high - speed counter - current chromatography [J]. Quim. Nova, 37 (9): 1 465-1 468.

CHI-REI WU, MEI-YUEH HUANG, YUNG-TA LIN, et al.,

2007. Antioxidant properties of CortexFraxini and its simple couma-rins [J]. Food Chemistry, 104 (4): 1 467-1 471.

DE CLERCQ E, 2004. Antiviral drugs in current clinical use [J]. Journal of Clinical Virology, 30 (2): 115-133.

DUBROVINA A S, KISELEV K V, 2017. Regulation of stilbene bio-synthesis in plants [J]. Planta, 246: 597-623.

FAN C, PU N, WANG X, et al., 2008. Agrobacterium-media-ted genetic transformation of grapevine (Vitis vinifera L.) with a novel stilbene synthase gene from Chinese wild Vitispseudoreticulata [J]. Plant Cell Tiss Org, 92 (2): 197-206.

FYLAKTAKIDOU K C, HADJIPAVLOU-LITINA D J, LITINAS K E, et al., 2004. Natural and synthetic coumarin derivatives with antiin-flammatory/antioxidant activities [J]. Current Pharmaceutical Design, 10 (30): 3 813-3 833.

GILMAN C I, LEUSCH F D L, BRECKENRIDGE W C, et al., 2003. Effects of a phytosterol mixture on male fish plasma lipoprotein fractions and testis P450scc activity [J]. General & Comparative Endocrinology, 130 (2): 172-184.

GUO H, YANG Y, XUE F, et al., 2017. Effect of flexible linker length on the activity of fusion protein 4 - coumaroyl - CoA ligase: stilbene synthase [J]. Molecular Biosystems, 13: 598-606.

HAIN R, REIF H J, KRAUSE E, et al., 1993. Disease resistance results from foreign phytoalexin expression in a novel plant [J]. Na-ture, 361 (6 408): 153-156.

HARALDSON, 1978. Anatomy and taxonomy in Polygonaceae sub-fam. Ploygonotdeae Meisn. Emend. Jaretzky [J]. Symbolae Bo-tanicae Upsalienses, 22 (2): 1-95.

HE X, XUE F, ZHANG L, et al., 2018. Overexpressing fusion proteins of 4-coumaroyl-CoA ligase (4CL) and stilbene synthase

(STS) in tobacco plants leading to resveratrol accumulation and improved stress tolerance [J]. Plant Biotechnology Reports, 12 (5): 295-302.

HEGDE V R, PU H, PATEL M, et al., 2004. Two new bacterial DNA primase inhibitors from the plant *Polygonum cuspidatum* [J]. Bioorganic & Medicinal Chemistry Letters, 14 (9): 2 275-2 277.

HIPSKIND J D, PAIVA N L, 2000. Constitutive accumulation of a resveratrol – glucoside in transgenic alfalfa increases resistance to Phoma medicaginis [J]. Molecular Plant – Microbe Interactions, 13 (5): 551-562.

INOUE M, SAKAGUCHI N, ISUZUGAWA K, et al., 2000. Role of reactive oxyg en species in gallic acid – induced apo ptosis [J]. Biological & Pharmceutical Bulletin, 23 (10): 1 153-1 157.

INOUE M, SUZUKI R, KOIDE T, et al., 1994. Antioxidant, gallic acid, induces apo ptosis in HL-60RG cells [J]. Biochemical and Biophysical Research Communications, 204 (2): 898-904.

INOUE M, SUZUKI R, SAKAGUCHI N, et al., 1995. Selective induction of cell death in cancer cells by gallic acid [J]. Biological & Pharmaceutical Bulletin, 18 (11): 1 526-1 530.

JAYATILAKE G S, JAYASURIYA H, LEE E, et al., 1993. Kinase inhibitors from *Polygonum cuspidatum* [J]. Journal of Natural Products, 56 (10): 1 805-1 810.

KABEL A M, ATEF A, ESTFANOUS R S, 2018. Ameliorative potential of sitagliptin and/or resveratrol on experimentally-induced clear cell renal cell carcinoma [J]. Biomed Pharmacother, 97: 667-674.

KANAI S, OKANO H, 1998. Mechanism of the protective effects of sumac gall extract and gallic acid on the progression of CCl4-induced acute liver injury in rats [J]. American Journal of Chinese

Medicine, 26 (3-4): 333-341.

KAPIL A, SHARMA S, 1995. Effect of oleanolic acid on complement inadjurant and carrageenan-induced inflammation in rats [J]. Pharmacol, 47 (7): 585.

KISELEV K V, 2011. Perspectives for production and application of resveratrol [J]. Applied Microbiology and Biotechnology, 90 (2): 417-425.

KISELEV K V, ALEYNOVA O A, GRIGORCHUK V P, et al., 2017. Stilbene accumulation andexpression of stilbene biosynthesis pathway genes in wild grapevine Vitis amurensis Rupr [J]. Planta, 245 (1): 151-159.

KITTS D D, YUAN Y V, WIJEWICKREME A N, et al., 1999. Antioxidant activity of the flaxseed lignan secoisolariciresinol diglycoside and its mammalian lignan metabolites enterodiol and enterolactone [J]. Molecular and Cellular Biochemistry, 202 (1-2): 91.

KONTOGIORGIS C A, HADJIPAVLOU – LITINA D J, 2004. Synthesis and biological evaluation of novel coumarin derivatives with a 7 – azomethine linkage [J]. Bioorganic & medicinal chemistry letters, 14 (3): 611-614.

KONTOGIORGIS C A, SAVVOGLOU K, HADJIPAVLOU-LITINA D J, 2006. Antiinflammatory and antioxidant evaluation of novel coumarin derivatives [J]. Journal of Enzyme Inhibition and Medicinal Chemistry, 21 (1): 21-29.

KURSVIETIENE L, STANEVICIENE I, MONGIRDIENE A, et al., 2016. Multiplicity of Effects and Health Benefits of Resveratrol [J]. Medicina, 52 (3): 148-155.

LANZA F, SELLERGREN B, 2001. The application of molecular imprinting technology to solid phase extraction [J]. Chromatographia, 53 (11): 599-611.

LARS I A, 2000. Molecular imprinting: developments and applications in the analytical chemistry field [J]. Journal of Chromatography B, 745 (1): 3-13.

LEKLI I, RAY D, DAS D K, 2010. Longevity nutrients resveratrol, wines and grapes [J]. Genes and Nutrition, 5 (1): 55-60.

LI A J, BAO B J, GRABOVSKAYA - BORODINA A E, et al., 2003. Polygonaceae [M]. Beijing: Science Press and St. Louis: Missouri Botanical Garden Press, 5: 277-350.

LIM J D, YUN S J, CHUNG I M, et al., 2005. Resveratrol synthase transgene expression and accumulation of resveratrol glycoside in Rehmannia Glutinosa [J]. Molecular Breeding, 16 (3): 219-233.

LIU J, LIU Y, PARKINSON A, et al., 1995. Effect of oleanolic acid on hepatic toxican-activating and detoxifying systems in mice [J]. Journal of Pharmacology & Experimental Therapeutics, 275 (2): 768.

LU Z, CHEN R, LIU H, et al., 2009. Study of the complexation of resveratrol with cyclodextrins by spectroscopy and molecular modeling [J]. Journal of Inclusion Phenomena, 63 (34): 295-300.

LUO Z, GUO H, YANG Y, et al., 2015. Heterologous overexpression of resveratrol synthase (PcPKS5) gene enhances antifungal and mite aversion by resveratrol accumulation [J]. European Journal of Plant Pathology, 142 (3): 547-556.

MA B G, DUAN X Y, NIU J X, et al., 2009. Expression of stilbene synthase gene in transgenic tomato using salicylic acid-inducibleCre/loxP recombination system with self - excision of selectable marker [J]. Biotechnology Letters, 31 (1): 163-169.

MALUMBERS M, BARBACID M, 2007. Cell cycle kinases in cancer [J]. Current Curropin in Genetic & Development, 17

（1）：60-65.

MANOJKUMAR P, RAVI T K, SUBBUCHETTIAR G, 2009. Synthesis of coumarin heterocyclic derivatives with antioxidant activity and in vitro cytotoxic activity against tumour cells ［J］. Acta Pharmaceutica, 59 (2): 159-170.

MELAGRAKI G, AFANTITIS A, IGGLESSI-MARKOPOULOU O, et al., 2009. Synthesis and evaluation of the antioxidant and antiinflammatory activity of novel coumarin3-aminoamides and their alphalipoic acid ad ducts ［J］. European Journal of Medicinal Chemistry, 44 (7): 3 020-3 026.

NAWROT-MODRANKA J, NAWROT E, GRACZYK J, 2006. In vivo antitumor, in vitro antibacterialactivity and alkylating properties of phosphorohydrazine derivatives of coumarin and chromone ［J］. European Journal of Medicinal Chemistry, 41 (11): 1 301-1 309.

NGUYEN C, SAVOURET J F, WIDERAK M, et al., 2017. Resveratrol, potential therapeutic interest in joint disorders: A critical narrative review ［J］. Nutrients, 9 (1): 45-56.

NIEMEYER H B, 2003. Metzler M Differences in the antioxidant activity of plant and mam-malian lignans ［J］. Journal of Food Engineering, 56 (2): 255.

NIEMINEN P, ILPO P, MUSTONEN A M, 2010. Increased reproductive success in the white American mink (Neovison vison) with chronic dietary β-sitosterol supplement ［J］. Animal Reproduction Science, 119 (3-4): 287-292.

NONOMURA S, KANAGAWA H, MAKIMOTO A, 1963. chemical constituents of polygonaceous plants. i. studies on the components of ko-jo-kon. (*polygonum cuspidatum* sieb. et zucc.) ［J］. Yakugaku Zasshi Journal of the Pharmaceutical Society of Japan, 83 (10): 988-990.

NOSE M, KOIDE T, MORIKAWA K, et al., 1998. Formation of

reactive oxygen intermedia tesmight be involved in the trypanocidal activity of gallic acid [J]. Biological & Pharmaceutial Bulletin, 21 (6): 583-587.

OHNO T, INOUE M, OGIHARA Y, 2001. Cytotoxic activity of gallic acid against liver metastasis of mastocytoma cells P815 [J]. Anticancer Research, 21 (6A): 3 875-3 880.

OHNO Y, FUKUDA K, TAKEMURA G, et al., 1999. Induction of apoptosis by gallic acid in lung cancer cells [J]. Anticancer Drugs, 10 (9): 845-851.

OVESNA Z V, ACHALKOVA A, HORVATHOVA K, et al., 2004. Pentacyclic triterpenoic acids: new chemprotective compounds minireview [J]. Neoplasma, 51 (5): 327.

O'BRIEN T A, BARKER A V, 1997. Evaluating Composts to Produce Wildflower Sods on Plastic [J]. Journal of the American Society for Horticultural Science American Society for Horticultural Science, 122 (3): 445-451.

PALAMARA A T, NENCIONI L, AQUILANO K, et al., 2005. Inhibition of influenza A virus replication by resveratrol [J]. Journal of Infectious Diseases, 191 (10): 1 719-1 729.

POOL-ZOBEL B L, ADLERCREUTZ H, GLEI M, et al., 2000. Isoflavonoids and lignans have different potentials to modulate oxidative genetic damage in human colon cells [J]. Carcinogenesis, 21 (6): 1 247.

PRASAD K, 2000. Antioxidant activity ofsecoisolariciresinol diglucosidederived metabolites, secoisolariciresinol, enterodiol, and enterolactone [J]. International journal of angiology, 9 (4): 220.

QIU X, TAKEMURA G, KOSHIJI M, et al., 2000. Gallic acid induces vascular smooth muscle cell dea-th via hydroxy l radical production [J]. Heart Vessels, 15 (2): 90-99.

RAUF A, IMRAN M, SULERIA H A R, et al., 2017. A comprehensive review of the health perspectives of resveratrol [J]. Food & Function, 8 (12): 4 284-4 305.

REDDY N S, MALLIREDDIGARI M R, COSENZA S, et al., 2004. Synthesis of new coumarin 3 (N-aryl) sulfonamides and their anticancer activity [J]. Bioorganic & Medicinal Chemistry Letters, 14 (15): 4 093-4 097.

ROY P, KALRA N, PRASAD S, et al., 2009. Chemopreventive potential of resveratrol in mouse skin tumors through regulation of mitochondrial and PI3K/AKT signaling pathways [J]. Pharmaceutical Research, 26 (1): 211-217.

SAKAGAMI H, SATOH K, 1997. Prooxidant action of two antioxidants: ascorbic acid and gallic acid [J]. Anticancer Research, 17 (1A): 221.

SANAE F, MIYAICHI Y, HAYASHI H, 2003. Endo thelium-dependent contrac tio n of ra t tho racic aort a induced by gallic acid [J]. Pharmaceutical Research, 17 (2): 187-189.

SHUMAKOVA O A, MANYAKHIN A Y, KISELEV K V, 2011. Resveratrol content and expression of phenylalanine ammonia - lyase and stilbene synthase genes in cell cultures of Vitisamurensis treated with coumaric acid [J]. Applied Biochemistry Biotechnology, 165 (5-6): 1 427-1 436.

SMYTH T, RAMACHANDRAN V N, SMYTH W F, 2009. A study of the antimicrobial activityofselected naturally occurring and synthetic coumarins [J]. International Journal of Antimicrobial Agents, 33 (5): 421-426.

SOMOVA LO, NADAR A, RAMMANAN P, et al., 2003. Cardiovascular, antihyperlipidemic and effects of oleanol ic and ursol ic acids in experimental hypertension [J]. Phylomedicine, 10 (2): 115.

SUN C, ZHANG F, GE X, et al., 2007. SIRT1 improves insulin sensitivity under insulin–resistant conditions by repressing PTP1B [J]. Cell Metabolism, 6 (4): 307–319.

SUN Y S, GU S B, GUO L, 2014. Preparative separation of five flavones from flowers of *Polygonum cuspidatum* by high–speed countercurrent chromatography [J]. Journal of Separation Science, 37 (13): 1 703.

TAKAO M, KATSUMI T, 1973. Wasser–losliche polysaccharide aus den wurzeln von *Polygonum cuspidatum* Sieb. et Zucc. [J]. Chemical & Pharmaceutical Bulletin, 21 (7): 1 506.

TAKAOKA M, 1939. The phenolic substances of white hellebore (*Veratrum grandiflorum* Loes. fil.) [J]. Journal of Chemical Engineering of Japan, 60: 1 261–1 264.

THEODOTOU M, FOKIANOS K, MOUZOURIDOU A, et al., 2017. The effect of resveratrol on hypertension: A clinical trial [J]. Experimental and Therapeutic Medicine, 13 (1): 295–301.

THIEL G, ROSSLER O G, 2017. Resveratrol regulates gene transcription via activation of stimulus–responsive transcription factors [J]. Pharmacological Research, 117: 166–176.

TRUONG V L, JUN M, JEONG W S, 2018. Role of resveratrol in regulation of cellular defense systems against oxidative stress [J]. Biofactors, 44 (1): 36–49.

TYAGI Y K, KUMAR A, RAJ H G, et al., 2005. Synthesis of novel amino and acetyl amino4–methylcoumarins and evaluation of their antioxidant activity [J]. European Journal of Medicinal Chemistry, 40 (4): 413–420.

TYUNIN A P, NITYAGOVSKY N N, GRIGORCHUK V P, et al., 2018. Stilbene content and expression of stilbene synthase genes in cell cultures of *Vitis amurensis* treated with cinnamic and caffeic acids [J]. Applied Biochemistry and Biotechnology, 65 (2): 150–155.

VASTANO B C, CHEN Y, ZHU N, et al., 2000. Isolation and i-dentification of stilbenes in two varieties of *Polygonum cuspidatum* [J]. Journal of Agricultural and Food Chemistry, 48 (2): 253-256.

WANG D G, LIU W Y, CHENG G T, 2013. A simple method for the isolation and purification of resveratrol from *Polygonum cuspidatum* [J]. Journal of Pharmaceutical Analysis, 3 (4): 241-247.

WANG H, DONG Y S, XIU Z L, 2008. Microwave- assisted aqueous. two-phase extraction of piceid, resveratrol and emodin from *Polygonum cuspidatum* by ethanol/ammonium sulphate systems [J]. Biotechnology Letters, 30 (12): 2 079-2 084.

WANG J, FENG J, XU L, et al., 2019. Ionic liquid-based salt-induced liquid-liquid extraction of polyphenols and anthraquinones in *Polygonum cuspidatum* [J]. Journal of Pharmaceutical and Biomedical Analysis, 163: 95-104.

WEN C, ZHANG J, ZHANG H, et al., 2018. Advances in ultra-sound assisted extraction of bioactive compounds from cashcropS-A review [J]. Ultrason Sonochem (48): 538-549.

WOOD J G, ROGINA B, LAVU S, et al., 2004. Sirtuin activators mimic caloric restriction and delay ageing in metazoans [J]. Nature, 430 (7 000): 686-689.

XIANG C, LIU J, MA L, et al., 2020. Overexpressing codon-adapted fusion proteins of 4-coumaroyl-CoA ligase (4CL) and stilbene synthase (STS) for resveratrol production in Chlamydomonasreinhardtii [J]. Journal of Applied Phycology, 32 (3): 1 669-1 676.

XIAO K, XUAN L Y, BAI D, 2010. Constituents from *Polygonum cuspidatum* [J]. Chemical & Pharmaceutical Bulletin, 33 (44): 222.

XIAO K, XUAN L, XU Y, et al., 2000. Stilbene glycoside sulfates from*Polygonum cuspidatum* [J]. Journal of Natural Products, 63 (10): 1 373-1 376.

XIAO K, XUAN L, XU Y, et al., 2002. Constituents from*Polygonum cuspidatum* [J]. Chemical and Pharmaceutical Bulletin, 50 (5): 605-608.

YANG F, ZHANG T, ITO Y, 2001. Large-scale separation of resveratrol, anthraglycoside A and anthraglycoside B from *Polygonum cuspidatum* Sieb. et Zucc by high-speed counter-current chromatography [J]. Journal of Chromatography A, 919 (2): 443-448.

YANG, WQ, LI FL, XING XY, et al., 2019. Study in pesticide activities of *Polygonum cuspidatum* extracts and its active Ingredient Resveratrol [J]. Natural Product Communications, 7: 1-6.

YOSHINO M, HANEDA M, NARUSE M, et al., 2002. Prooxidant action of gallic acid compounds: copper-dependent strand breaks and the formation of 8 - hydrox y - 2' - deoxyguanosine in DNA [J]. Toxicology in Vitro, 16 (6): 705-709.

YOSHIOKA K, KATAOKA T, HAYASHI T, et al., 2000. Induction of apoptosis by gallic acid in human stomach cancer KATO III and colon adenocarcinoma COLO 205 cell lines [J]. Oncology Reports, 7 (6): 1 221.

YOSHIYUKI K, MITSUGI, KIMIYEB, 1983. New constituents of roots of *Polygonum cuspididatum* [J]. Planta Medica, 48 (3): 164.

YU D, SUZUKI M, XIE L, et al., 2003. Recent progress in the development of coumarin derivatives as potent anti - HIV agents [J]. Medicinal Research Reviews, 23 (3): 322-345.

ZHANG H, ZHANG QW, et al., 2012. Two new anthraquinone malonyl glucosides from *Polygonum cuspidatum* [J]. Journal of Asian

Natural Products Research，26（14）：1 323.

ZHANG Y, LI JX. ZHAO J, et al., 2005. Synthesis and activity of oleanolic acid derivatives，a novel class of inhibitors of osteoclast formation［J］. Bioorganic & Medicinal Chemistry Letters，15（6）：1 629.

ZHENG S, ZHAO S, LI Z, et al., 2015. Evaluating the effect of expressing a peanut resveratrol synthase gene in rice［J］. PLoS One，10（8）：e0136013.

附　　录

附录一　绿色种植技术和 GAP 规范

　　虎杖 *Reynoutria japonica* Houtt.，又名酸汤杆、酸筒杆、斑杖、花斑竹，为蓼科多年生宿根性草本或者亚灌木植物。常生长在海拔 2 500 m 以下的山沟、溪边、河边、山坡、林下阴湿处，主要产于江苏、浙江、江西、福建、山东、河南、陕西、湖北、云南、四川、贵州等地。在国外，美国东北部、朝鲜、日本也有大量分布。其根、茎、叶均可入药，是我国传统中药材，其成分有白藜芦醇、虎杖苷、大黄素等，具有明显的抗癌、抑癌、抗氧化、抗衰老、抗炎症和降血脂等功效。为实现虎杖科学化、规范化种植，制定本规程。

1. 虎杖形态特征

　　主根粗壮，长 30~150 cm，垂直向地下深处生长，在 5~15 cm 深处起向下逐渐膨大，至接近末端处又逐渐变细，直至末端变为根毛，最深可达 40 cm 的土层，侧根较多。根状茎粗大，木质，节明显，横走，外皮黑棕色或棕黄色，呈弯曲状；茎直立，高 1~2 m，最高可达 3 m 以上，粗壮，空心，具明显的纵棱，具小突起，无毛，散生红色或紫红色斑点。叶宽卵形或卵状椭圆形，长 5~16 cm，宽 3.8~11.21 cm，近革质，顶端渐尖，基部宽楔形、截形，边缘全缘，疏生小突起，两面无毛，沿叶脉具小突起；叶柄长 1~2 cm，具小突起；托叶鞘膜质，偏斜，褐色，具纵脉，无毛，顶端截形，无缘毛，常破裂，早落。单性花，雌雄异株，花序圆锥状，长 3~8 cm，腋生；苞片漏斗状，长 1.5~2 mm，顶端渐尖，无缘毛，每苞内具 2~4 花，白色，花梗长 2~4 mm，中下部具关节，花被 5 深裂，淡绿色，外轮 3 枚，雄花花被片具绿色中脉，无翅，雄蕊 8，比花被长，有时可见退化雌蕊；雌花花被片外面 3 片背部具翅，果时增大，翅扩展下延，花柱 3，柱头流苏状；雄蕊退化，较小；子房上位，3 心皮合生，柱头 3 裂。瘦果卵形，具 3 棱，长 4.2~4.5 mm，宽 2.5~2.9 mm，顶端具 3 个宿存花柱，基部有一小圆孔状果脐，外包淡褐色或黄绿色扩大成翅状的膜质花被，表面黑褐色，有光泽。种子卵形，具 3 棱，长 3~4 mm，表面绿色，先端尖，具种孔，基部具一短种柄，胚乳白色，粉质，胚稍弯曲，子叶 2 枚，略呈新月形。

2. 适用范围

本规程按我国中药材 GAP 技术规程规定了山东东明规范化生产基地的综合技术要求，包括种的形态特征、产地环境、种子标准、育苗技术、栽培措施、采收加工、外观品质、成分含量、农药残留以及贮运等。

3. 引用标准

《绿色食品：产地环境技术条件》（NY/T 391—2013）

《绿色食品：农药使用准则》（NY/T 393—2020）

《绿色食品：肥料使用准则》（NY/T 394—2013）

《土壤环境质量农用地土壤污染风险管控标准（试行）》（GB 15618—2018）

《环境空气质量标准》（GB3095—2012）

《农田灌溉水质标准》（GB5084—2021）

《中药材生产质量管理规范认证管理办法（试行）》及《中药材 GAP 认证检查评定标准（试行）》（国食药监安〔2003〕251 号）

《中药材商品规格等级虎杖》（T/CACM 1021.166—2018）

《药用植物及制剂进出口绿色行业标准》（中华人民共和国对外贸易经济合作部，2001）

《中华人民共和国药典》（2019）

4. 产区自然条件

东明地处山东省西南部，黄河南岸，是黄河入鲁第一县，北纬

34°58′~35°25′，东经 114°48′~115°16′。地质构造位置处于鲁西隆起区、太行隆起带、秦岭隆起带 3 大构造体系的交汇处。东部为兰考—聊城断裂带，南部为兰考凸起，西部和北部为东明凹陷（约占全县地质构造的 80%）。东明凹陷是东明地质构造的主体，它和华北其他地区一样，属于渤海湾沉降带的一部分。大陆性气候，半湿润温暖农业气候地区。按天文季节划分，3—5 月为春季，南北风频繁交替，温和干燥，易造成春旱，春末夏初盛行西南风；6—8 月为夏季，因受大陆低压和太平洋副热带高压的影响，常刮东南风，造成温热多雨，易发生暴雨；9—11 月为秋季，该季天高气爽，多晴天，个别年份也受到秋涝和连阴雨的危害，风向由南转北；12 月至翌年 2 月为冬季，因主要受蒙古冷高压的控制，盛行大陆性气团，多北风，造成寒冷冰霜，雨雪稀少。日照时数平均为 2 440 h，太阳辐射总能量年平均为 119.02 kcal/cm²，平均气温为 13.6 ℃，年平均最高气温为 14.5 ℃，年平均最低气温 12.7 ℃。全年以 7 月为最热月，月平均气温为 26.9 ℃，1 月为最冷月，平均气温为-1.5 ℃，气温年较差为 28.5 ℃. 其间>0 ℃的积温 5 099.6 ℃，均降水量为 624.1 mm，降水量大都集中在夏季的 3 个月（6—8 月）中，占全年降水量的 58.1%；而冬季 3 个月（12 月至翌年 2 月）的降水量只有 18.8 mm，仅占全年降水量的 3%；秋季降水大于春季，分别为 139.9 mm，102.8 mm，各占全年降水量的 22.4%、16.5%。形成了夏季雨涝，晚秋冬春干旱的特点。年蒸发量平均为 1 933.1 mm，县年平均相对湿度为 71%，平均无霜期 222 d，平均地面温度 15.7 ℃，东明土壤类型可分为潮土、盐土、风沙土三大类，潮土、盐化潮土、碱化潮土、潮盐土、半固定风沙土 5 个亚类，14 个土属，31 个土种。

5. 种子、种根质量标准

于每年的 9 月下旬至 10 月中旬，种子由白绿色转变为黄棕色，种子乌黑发亮即可采集成熟种子，精选种粒饱满，净度 98% 以上，千粒重 7.2 g 以上，发芽率 85% 以上的种子。种根选择长度 10~20 cm，带芽 2~3 个，芽茎粗>0.5 cm、单株根重>50 g，生长健壮、根系发达、无病虫害、无污染、商品性能良好的种根。

6. 栽培管理技术

（1）育苗技术

播种育苗：于秋季采集成熟的种子，进行撒播或条播。条播行距 10~20 cm，开浅沟约 1 cm，将种子播在沟内，按 1~1.5 g/m² 的播种量进行繁殖，用种肥或细泥覆盖并浇透水；撒播时直接将种子播在畦面，种子分布均匀，播后覆盖一层种肥，浇透水。低温季节播种，要盖膜保温保湿，以利提早出苗；高温季节播种，要遮阴、定时浇水降温。出苗后，有 3~5 片真叶时要开始间苗、补苗，使幼苗在整个畦面分布均匀，保持 1.6 万 ~2.4 万株/hm² 的密度，补植后要及时浇水，确保成活。10 月上中旬至次年 4 月都适合播种，其中以春播为最佳；秋播一般出苗后在翌年 4 月中旬可封垄，春播一般在 5 月中旬可封垄。

种根繁殖：也称根茎繁殖。将虎杖地下根茎，剪成长 10~20 cm，带有 2~3 个芽的种根，种根越粗越好。在畦面上按行距 10~20 cm 开好种植沟，再把种根放入沟内，种根的芽要朝上。须根要舒展，密度按株行距 40 cm×50 cm。覆土 3~5 cm，施一层种肥，浇透水。此法繁殖以春季最佳。

分株繁殖：主要在生长季节进行，方法是将虎杖的种苗，按地上丛生主茎每株分掰成种苗。每株种苗要求地下根茎长 10~15 cm，地上茎在生长初期留 2~3 节，叶 2~3 片；在速生期留 3~5 节，2~3 轮侧枝；每轮侧枝上留 3~5 张叶片。在生长后期留 3~5 节，2~3 轮侧枝，每轮侧枝上留叶 3~5 片，多余部分的枝叶剪去。按株行距 40 cm×50 cm 开沟种植，每穴 1 株。定植后施一层种肥，浇透水。此法繁殖春、夏、秋 3 季均可进行，但以春、夏季节移植最佳。

组培育苗：选择当年抽出的嫩茎作为外植体，以 MS 为基本培养基。在培养基 pH 值为 5.8，培养温度为（25±2）℃，每日光照 10 h，光照度 1 000~2 000 lx 条件下进行不定芽和生根诱导，形成完整植株，并进行移栽炼苗，半个月后再移到自然条件下进行培育。

（2）栽培技术

栽培地选择与整地。林地选择地下水位较低、阴坡中下部、林分郁闭度 0.3~0.5、要求土层深厚、质地疏松、肥沃的缓坡地；并于秋冬季节，对规划栽植虎杖的林地内的灌木、杂草等采伐剩余物进行全面清理或等高线间隔 1 m 堆积，按设计的株行距进行整地挖明穴（40 cm×30 cm×30 cm）；农田选择水资源丰富、土层深厚、质地疏松、肥沃的山垄田和耕地，栽前 1 个月翻耕晒土，要求细致整地做畦，畦宽在 1~1.2 m，长度因地制宜。

栽植无论田间或林地，一年四季均可栽植，但以春季最为适宜。田间初植密度以株行距 40 cm×50 cm 或 40 cm×40 cm，每亩植 2 000~2 500株为宜；林地初植密度以株行距 0.5 m×1.0 m 或 1.0 m×1.0 m，每亩植 1 600~2 600株为宜。栽植前对种根进行分级，栽植要做到苗正、根舒、芽朝上、不打紧，填表层松土，覆土 3~5 cm，使整个穴面高出地面 5~10 cm。

（3）田间管理

深翻改土，熟化土壤。深翻扩穴主要对林地虎杖进行，在秋季枯萎落叶后沿植株根系生长点外围开始，逐年向外扩展 40~50 cm。回填时混以绿肥或腐熟有机肥等，表土放在底层，心土放在表层。

中耕除草与培土。在生长季节进行人工锄草，尽量不使用除草剂。新造林林地栽植的虎杖，结合幼林抚育进行人工锄草。一年中耕 1~2 次，深度 8~10 cm，同时培土 8~10 cm。

间苗补苗。播种出苗后，幼苗有 5~8 片真叶时要开始间苗、补苗。幼苗过密的地方要进行疏苗，幼苗株距过大的地方要及时补植，使幼苗在整个畦面分布均匀，保持 1.6 万~2.4 万株/hm²。补植后要及时浇水，确保成活。

（4）科学施肥

科学的施肥是确保虎杖高产的关键措施。因此，虎杖栽植后要视土壤肥力状况和植株长势，及时施肥。结合整地深翻，每亩施入绿肥或腐熟有机肥等基肥 1 000~3 000 kg；在生长季节，结合人工锄草和扩穴培土追施速效肥料 1~3 次，肥料种类以无机矿质肥料为主，并配施生物菌肥和微量元素肥料，追肥用量以 2~5 g/m² 为宜。追肥时期分别为 4 月、6 月和 9 月上旬，以采收茎叶为主的田间栽培，在每次采割后追施 1 次速效肥料。施肥方法：林地栽培采用放射状沟施，田间栽培采用沟施或兑水浇施。

（5）水分管理

灌溉水的质量应符合《农田灌溉水质标准》（GB5084—2021）中的规定。选择早上和傍晚，在定植期、嫩芽萌发期、幼苗生长期、畦面土壤开始发白以及发生干旱或施肥后应及时灌溉或浇水，使土壤经常保持湿润状态；在多雨季节或栽培地积水要及时排水，尤其是在高温高湿时，要加强通风，减少病虫害发生，提高虎杖产量和质量。

（6）病虫害防治

金龟子、叶甲防治。金龟子叶甲从 5 月上旬开始发生，为害相对集中，主要取食茎嫩顶梢和叶片，为害严重时，整株叶片吃光，而且速度很快。防治方法：①利用金龟子叶甲假死性，将其振落地上人工捕杀或利用金龟子叶甲的趋光性进行黑光灯诱捕杀灭，效果达 90% 以上；②用氧化乐果 2 000 倍液喷雾杀死金龟子、叶甲成虫，防治效果达 90% 以上。或施放"林丹"烟剂，用药量 22.5~37.5 kg/hm²，防治效果达 80% 以上。

蛾类害虫主要发生在 5 月上旬以后，幼虫在每次采割萌发复壮的幼嫩植株上取食叶片和嫩梢，但严重影响茎叶生长和产量。防治方法：①在傍晚或清晨，叶面露水未干时，每亩施放白僵菌烟雾剂 2~3 枚防治；②把毛虫振落地上人工捕杀；③利用赤眼蜂等天敌进行生物防治，防治率达 90% 以上。

蛀秆害虫。5 月中旬期间，蛀干幼虫取食虎杖茎叶，影响发育，严重时，植株倒伏。防治方法：①割开茎秆，取出虫体人工捕杀；②用棉花沾上 1 000 倍氧化乐果药液，堵住洞口，闷死害虫。

蚜虫从 5 月上旬至落叶前均有发生，主要为害期是在采割后复壮的嫩叶和嫩梢上，使嫩梢和嫩叶的生长受到抑制，严重时使正在生长的嫩梢枯萎。防治方法：①使用稀释 500~1 000 倍 80% 的敌敌畏乳油在下雨的间隙抢施，防治效果好，可达 90% 以上；②利用瓢虫、草蛉等天敌防治；③采取保护天敌、施放真菌、人工诱集捕杀、清除枯枝杂草等病虫残物、选育和推广抗性品种、施用农药等综合防治，控制蚜虫为害。

白蚁一年四季均可发生，主要生在林下土壤中，为害虎杖根茎。防治方法：采用呋喃丹撒施土壤，毒死地下害虫。或用市场上销售的"灭蚁灵"药剂防治，蚁药放在白蚁穴中，让蚁吃食，干扰白蚁神经，互相撕咬而死。或设置黄油板、黄水盆等诱杀白蚁。

7. 采收与贮藏

（1）茎叶采收

于虎杖5月上旬开始，间隔2个月采割1次，一年采割3~4次；并及时做好茎叶的贮运及加工利用。

（2）根茎采收

于每隔2~3年采挖一次，秋冬季节采挖。并及时做好根茎切段或切片、储运及加工利用。

8. 质量标准及监测

（1）质量标准

外观性状。根呈圆柱形，略弯曲，主根粗大（粗5~7 cm）。表面褐色、灰棕色或灰褐色，剥皮后露出黄褐色皮部。须根或毛根较少，无杂质、无泥土、无霉变、无异味。

内在质量。有效成分含量限量指标以虎杖根的干燥品计算，白藜芦醇含量≥0.3%，虎杖苷含量≥4.0%，大黄素≥0.7%。按中华人民共和国对外贸易经济合作部《药用植物及制剂进出口绿色行业标准》，农药滴滴涕（DDT）和六六六均不得超过0.1 mg/kg；重金属As和Pb含量分别不得超过2.0 mg/kg和5.0 mg/kg。在栽培中严禁使用国家禁止使用的DDT、六六六等。

（2）质量监测

有效成分含量监测。按本规程生产的虎杖，干燥品水分含量≤15%；白藜芦醇含量≥0.3%，虎杖苷含量≥4.0%，大黄素≥0.7%。

农药残留监测。按本规程生产的虎杖根中均不得检出六六六和DDT。

重金属监测。按本规程生产的虎杖根中重金属总量≤20 mg/kg，其中：总砷≤2.0 mg/kg、总汞≤0.2 mg/kg、铅≤5.0 mg/kg、镉≤0.3 mg/kg、铜≤20 mg/kg。

9. 包装、贮藏和运输

（1）包装

选用不易破损、干燥、清洁、无异味的包装材料密闭包装，且在包装前应再次检查是否已充分干燥，并清除劣质品及异物。包装要牢固、密封、防潮，能保护品质。

（2）贮藏

置阴凉、干燥、通风、清洁、遮光处保存，温度30 ℃以下，相对湿度70%~75%为宜。高温高湿季节前，要按件密封保藏。不易保存时间太久（小于6个月最好），否则内含物会降低。

（3）运输

运输工具必须清洁、干燥、无异味、无污染，具有良好的通气性，运输过程中应注意防雨淋、防潮、防暴晒。同时不得与其他有毒、有害、有污染、易串味的物质混装。

附录二　本书参考使用的相关标准

1. 《绿色食品：产地环境技术条件》（NY/T 391—2013）

2. 《绿色食品：农药使用准则》（NY/T 393—2020）

3. 《绿色食品：肥料使用准则》（NY/T 394—2013）

4. 《土壤环境质量：农用地土壤污染风险管控标准（试行）》（GB 15618—2018）

5. 《环境空气质量标准》（GB3095—2012）

6. 《农田灌溉水质量标准》（GB5084—2005）

7. 《中药材生产质量管理规范认证管理办法（试行）》及《中药材 GAP 认证检查评定标准（试行）》（国食药监安〔2003〕251号）

8. 《中药材商品规格等级虎杖》（T/CACM 1021.166—2018）

9. 《药用植物及制剂进出口绿色行业标准》（中华人民共和国对外贸易经济合作部，2001）

附录三　附　图

彩图1　虎杖野生生境

(a)

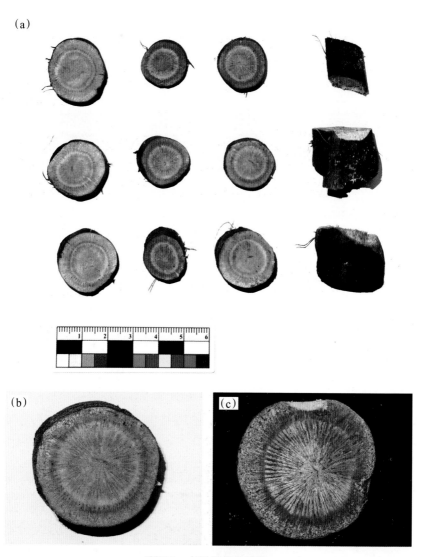

彩图2　虎杖根状茎横切

（a.横切；b.年轮；c.射线）

彩图3　虎杖茎秆

（a、b.散生红色或紫红色斑点；c.中空茎）

彩图4　虎杖叶

（a.叶片；b.叶片及托叶鞘；c.托叶鞘及腋芽）

彩图5　虎杖花枝

（a.花蕾期；b.初花期；c.盛花期；d.谢花期；e、f.宿存花序轴）

彩图6　虎杖果枝

彩图7　虎杖果实和种子

[e.宿存花被片；f.种子（左）和果（右）；g.果实横切；h.果实纵切]

1—果皮；2—子叶；3—胚芽；4—种皮；5—胚轴；6—胚乳；7—胚根

彩图8　虎杖果实纵切

彩图9　虎杖生长习性

（a、b.正在萌芽的虎杖；c.已经干枯的虎杖）

彩图10　虎杖植株

（a.一年生植株，当年6月拍摄；b.一年生植株，当年8月拍摄；
c.虎杖种植基地景观）

彩图11　虎杖实生苗

（a.萌芽期；b.子叶期；c、d.真叶期）

彩图12 虎杖根茎及芽

（a、b.栽培虎杖；c、d.野生虎杖）

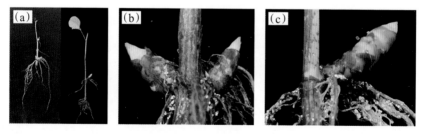

彩图13 虎杖扦插苗

（a.插条生根和笋状腋芽；b、c.腋芽和不定根）

彩图14　虎杖组培苗

彩图15　虎杖细菌性叶斑病和病毒病叶片症状

（a.细菌性叶斑病叶片背面症状；b.细菌性叶斑病叶片正面症状；
c.病毒病花叶症状；d.病毒病花叶、皱缩、坏死症状）

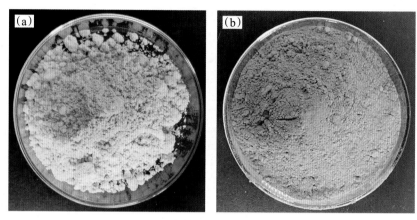

彩图16　虎杖主要化学成分

（a.白藜芦醇；b.大黄素）

彩图17　虎杖鲜食与加工食品

（a.虎杖嫩茎；b.收割后的虎杖嫩茎；c.收割后的虎杖嫩茎；d.去皮后的虎杖嫩
茎；a、b.虎杖泡菜；c、d.虎杖菜干；e、f.虎杖泡菜；g、h.虎杖菜干）

注：图a~图e由利川市虎杖种植专业合作社提供。

彩图18　虎杖芽尖

附录四 东明格鲁斯生物科技有限公司介绍

东明格鲁斯生物科技有限公司成立于 2010 年，是一家集高效种植、创新加工、高新技术、出口创汇于一体的创新型深加工企业。公司致力于植物提取物的生产与销售，拥有连续逆流超低温提取白藜芦醇等 17 项填补国内行业技术空白的专利技术。公司依托自主研发的专利设备从虎杖中提取白藜芦醇。公司白藜芦醇产品获得国际 KOSHER 及 HALAL 认证，产品在美国、法国、比利时等国家占有较大份额，被评为营养健康产业"最具创新产品"。公司获得"省级高新技术企业""省级农业产业化龙头企业""省级专精特新中小企业"、国家质量检验检疫总局"出入境检验检疫信用管理 AA 级企业""国家级出口食品农产品质量安全示范企业""菏泽市高新技术企业"和"菏泽市农业产业化龙头企业"等荣誉，依托公司建设的东明白藜芦醇与大健康工程创新中心被评为"山东省省级服务业创新中心"。

东明格鲁斯生物科技有限公司在山东省东明县黄河滩区建设了万亩虎杖种植园区（山东金凤滩农业科技有限公司），在北京农学院大学科技园共建成立了北京虎杖农业科学研究院，开发虎杖蜂蜜、蔬菜绿茶、有机肥制造、绿色养殖、乡村旅游、绿色产品产销等产品，构建了从虎杖种植、精深加工、白藜芦醇终端产品研发销售的产业链和"一二三"产融合发展模式。公司坚持产业扶贫，带领当地农民脱贫致富和服务助力乡村振兴，被评为"脱贫攻坚工作先进单位"。

虎杖药用成分提取生产线

万亩虎杖种植园

产品获KOSHER和HALAL认证